国家“双高计划”建筑钢结构工程技术专业群成果教材
高等职业教育土建类“十四五”系列教材

装配式
建筑施工

主　编◎夏念恩　谭正清
副主编◎马鹏超　喻福东　杨智慧
参　编◎熊　熙　刘　湃　刘　栋

活页式教材

电子课件
（仅限教师）

華中科技大學出版社
http://press.hust.edu.cn
中国·武汉

图书在版编目(CIP)数据

装配式建筑施工/夏念恩,谭正清主编.—武汉:华中科技大学出版社,2023.6
ISBN 978-7-5680-9691-1

Ⅰ.①装… Ⅱ.①夏… ②谭… Ⅲ.①装配式构件-建筑施工-教材 Ⅳ.①TU3

中国国家版本馆 CIP 数据核字(2023)第 118306 号

装配式建筑施工
Zhuangpeishi Jianzhu Shigong

夏念恩 谭正清 主编

策划编辑:康 序
责任编辑:李曜男
封面设计:孢 子
责任监印:朱 玢
出版发行:华中科技大学出版社(中国·武汉) 电话:(027)81321913
武汉市东湖新技术开发区华工科技园 邮编:430223
录 排:武汉创易图文工作室
印 刷:武汉科源印刷设计有限公司
开 本:889mm×1194mm 1/16
印 张:12
字 数:406 千字
版 次:2023 年 6 月第 1 版第 1 次印刷
定 价:58.00 元

华中出版

本书若有印装质量问题,请向出版社营销中心调换
全国免费服务热线:400-6679-118 竭诚为您服务

前言

Preface

随着建筑业转型升级、建筑工业化的推进，装配式建筑发展成为必然。2017 年，住建部认定了第一批装配式建筑示范城市和产业基地；2020 年，住建部又认定了第二批装配式建筑示范城市和产业基地。装配式建筑行业人才紧缺，新职业成为建筑行业发展的挑战和机遇。大力推行适应装配式建筑发展的人才队伍建设，发展建筑工业化职业教育成为当务之急。2019 年 12 月 27 日，教育部职业技术教育中心研究所发布了第三批职业教育培训评价组织和职业技能等级证书(教职所〔2019〕341 号)。由廊坊市中科建筑产业化创新研究中心负责培训评价的“1＋X”装配式建筑构件制作与安装是“1＋X”建筑类职业技能等级证书之一。为满足“1＋X”装配式职业技能等级证书制度下人才培养改革的需要，教材编写团队校企“双元”合作开发了新型活页式、工作手册式、融媒体教材，并配套开发了信息化资源。

本书可作为职业院校装配式建筑工程技术等专业的教学用书，也可作为装配式建筑施工专业人员的培训教材。全书共分为四篇。第一篇为识图篇，以真实的装配式混凝土结构工程图纸为载体；第二篇为 PC 构件生产、施工篇，包括实训任务单；第三篇为 1＋X 考核篇，包括实训任务书、考核评分表；第四篇为附件篇，包括 PPT 库、微课库、图纸库、标准库、图集库。

本书由黄冈职业技术学院夏念恩、谭正清担任主编，由黄冈职业技术学院马鹏超和喻福东、南宁职业技术学院杨智慧担任副主编，黄冈职业技术学院熊熙、广联达科技股份有限公司刘湃、湖北绿缘新型材料科技有限公司刘栋参编。廊坊市中科建筑产业化创新研究中心、中建科技武汉有限公司和山东百库教育科技有限公司提供了支持和帮助。

本书的编写参阅了相关规范、论著和图纸等资料，在此谨向相关作者表示由衷的感谢。由于编者的学术水平和实践经验有限，加上编写时间仓促，书中难免存在疏漏和不足之处，恳请同行专家和广大读者提出宝贵意见，以便再版时进一步完善。

目录

Contents

第一篇

识图篇

科目一在线
机考考核

“1+X”建筑工程识图职业技能等级证书考核
“1+X”装配式建筑构件制作与安装职业技能等级证书考核（科目一）
识图卷一（装配式混凝土结构）（满分 180 分）

※※※

答题须知：

1. 请依据提供的《花山印象叠墅 A13#楼深化设计图》作答，深化设计图纸包含 14 张。
2. 以下题目包含单项选择题和多项选择题。

一、单项选择题（共 60 小题，每小题 2 分，合计 120 分）

1. 本工程结构体系为（　　）。
   A. 装配整体式混凝土框架结构　　B. 现浇混凝土框架结构
   C. 装配整体式混凝土剪力墙结构　　D. 现浇混凝土剪力墙结构
2. 本工程上部结构嵌固部位位于（　　）。
   A. 基础顶　　B. 负一层顶　　C. 一层顶　　D. 地下室顶
3. 本工程底部加强部位位于（　　）层。
   A. 一　　B. 负一　　C. 二　　D. 负一层至一
4. 本工程竖向结构由现浇转为预制装配的转换层是（　　）板顶。
   A. 负一层　　B. 一层　　C. 二层　　D. 基础
5. 预制构件与后浇混凝土、灌浆料的结合面应设置粗糙面或键槽；粗糙面的面积不宜小于结合面的（　　）%。[《装配式混凝土结构技术规程》(JGJ 1—2014)]
   A. 50　　B. 75　　C. 80　　D. 100
6. 预制板的粗糙面凹凸深度不应小于（　　）mm。[《装配式混凝土结构技术规程》(JGJ 1—2014)]
   A. 3　　B. 4　　C. 5　　D. 6
7. 预制梁端、预制柱端、预制墙端的粗糙面凹凸深度不应小于（　　）mm。[《装配式混凝土结构技术规程》(JGJ 1—2014)]
   A. 3　　B. 4　　C. 5　　D. 6
8. 预制构件脱模时，混凝土抗压强度实测值不得低于（　　）MPa。
   A. 15　　B. 20　　C. 25　　D. 30
9. 预制构件出厂时，混凝土抗压强度实测值不得低于设计强度值的（　　）%。
   A. 50　　B. 75　　C. 80　　D. 100
10. 灌浆路径过长时应做分仓处理，预制剪力墙钢筋的套筒灌浆分仓长度沿墙长方向不宜大于（　　）m。
    A. 1　　B. 1.5　　C. 2　　D. 2.5
11. 本工程预制剪力墙 2FYJQ1 单个质量为（　　）t。
    A. 1.28　　B. 1.22　　C. 0.96　　D. 1.00
12. 本工程 PM-01 的 A13#楼转换层插筋定位示意图中，YJQ7 下现浇层剪力墙墙身预留插筋为（　　）。
    A. 4Φ14　　B. 2Φ16　　C. 1Φ16　　D. 12Φ14
13. 本工程 PM-01 的 A13#楼转换层插筋定位示意图中，详图-现浇层剪力墙墙身预留插筋中，灌浆连接套筒为（　　）。
    A. 全灌浆套筒　　B. 半灌浆套筒　　C. 直螺纹套筒　　D. 锥螺纹套筒
14. 本工程 PM-01 的 A13#楼转换层插筋定位示意图中，现浇层剪力墙墙身预留插筋高于结构面（锚固深度)(　　)mm。

A. 260　　B. 132　　C. 112　　D. 240

15. 本工程 PM-01 的 A13＃楼转换层插筋定位示意图中，详图-现浇层剪力墙墙身预留插筋中，套筒注浆端锚固长度不宜小于(　　)倍钢筋公称直径，即(　　)mm。

A. 6,260　　B. 8,132　　C. 8,112　　D. 6,240

16. 本工程 PM-01 的 A13＃楼转换层插筋定位示意图中，现浇层墙身盲孔预留插筋高于结构面(锚固深度)(　　)mm。

A. 260　　B. 132　　C. 112　　D. 240

17. 本工程 PM-01 的 A13＃楼转换层插筋定位示意图中，YWQ5 下现浇层墙身盲孔预留插筋为(　　)。

A. 4Φ14　　B. 2Φ16　　C. 1Φ16　　D. 12Φ14

18. 本工程 PM-02 的 A13＃二层预制构件平面中，YJQ5 位于(　　)间。

A. ①/A～B 轴　　B. ②/A～B 轴　　C. ①～③/A 轴　　D. ①～③/B 轴

19. 本工程中，YWQ 表示(　　)。

A. 预制飘窗　　B. 预制剪力墙　　C. 预制夹心保温外墙板　　D. 预制外围护墙

20. 本工程中，YTC 表示(　　)。

A. 预制飘窗　　B. 预制剪力墙　　C. 预制夹心保温外墙板　　D. 预制外围护墙

21. 本工程中，YJQ 表示(　　)。

A. 预制飘窗　　B. 预制剪力墙　　C. 预制夹心保温外墙板　　D. 预制外围护墙

22. 本工程中，表示(　　)。

A. 装配方向，对应构件主视图(内)　　B. 装配方向，对应构件主视图(外)

C. 吊点位置　　D. PC 构件中点

23. 本工程中，表示(　　)。

A. 键槽面　　B. 键槽面或粗糙面　　C. 粗糙面　　D. 无法确定

24. 本工程中，表示(　　)。

A. 键槽面　　B. 键槽面或粗糙面　　C. 粗糙面　　D. 无法确定

25. 预制剪力墙施工过程中应设置临时支撑，上支撑杆倾角 α 一般为(　　)。

A. 15°～30°　　B. 30°～45°　　C. 45°～60°　　D. 60°～90°

26. 预制剪力墙施工过程中应设置临时支撑，下支撑杆(未设置七字码)倾角 α 一般为(　　)。

A. 15°～30°　　B. 30°～45°　　C. 45°～60°　　D. 60°～90°

27. 本工程三层现浇混凝土墙柱的混凝土强度等级为(　　)。

A. C25　　B. C30　　C. C35　　D. C40

28. 本工程结构体系为装配整体式混凝土剪力墙结构，下列说法正确的是(　　)。

A. 由 PC 构件通过可靠的方式进行连接并与现场后浇混凝土、水泥基灌浆料形成整体的装配式混凝土结构，简称装配整体式结构

B. 装配整体式混凝土剪力墙结构的连接方式为干式连接

C. 装配整体式混凝土剪力墙结构的连接方式为螺栓连接

D. 由 PC 构件通过可靠的方式进行连接并与现场后浇混凝土、水泥基灌浆料形成整体的装配式混凝土结构，简称全装配式混凝土结构

29. 本工程三层现浇混凝土梁板的混凝土强度等级为(　　)。

A. C25　　B. C30　　C. C35　　D. C40

30. 套筒灌浆连接的带肋钢筋直径范围是(　　)mm。

A. 14～25　　B. 16～25　　C. 16～40　　D. 12～40

31. 本工程 YJQ 的钢筋连接形式为(　　)。

A. 上下层 YJQ 的竖向钢筋采用浆锚搭接连接；相邻 YJQ 的水平钢筋采用整体式接缝连接

B. 上下层 YJQ 的竖向钢筋采用套筒灌浆连接；相邻 YJQ 的水平钢筋采用整体式接缝连接

C. 上下层 YJQ 的竖向钢筋采用直螺纹套筒连接；相邻 YJQ 的水平钢筋采用整体式接缝连接

D. 上下层 YJQ 的竖向钢筋采用锥螺纹套筒连接；相邻 YJQ 的水平钢筋采用整体式接缝连接

32. 直径大于(　　)mm 的钢筋不宜采用浆锚搭接连接。

A. 20　　B. 22　　C. 25　　D. 28

33. 钢筋套筒灌浆连接钢筋锚固的深度不宜小于插入钢筋公称直径的(　　)倍。

A. 4　　B. 6　　C. 8　　D. 10

34. 本工程中，4FYWQ1 高(　　)mm。

A. 3150　　B. 3130　　C. 2450　　D. 2950

35. 本工程中，4FYWQ1 构件详图中 GT14 的数量为(　　)个。

A. 0　　B. 2　　C. 4　　D. 5

36. 本工程中，4FYWQ1 构件详图中 MK1 的数量为(　　)个。

A. 0　　B. 2　　C. 4　　D. 5

37. 本工程中，4FYWQ1 构件详图中与 MK1 连接的钢筋是(　　)。

A. L1　　B. L2　　C. V1　　D. X1

38. 本工程中，2FYJQ1 构件详图中 MJ1 的数量为(　　)个。

A. 0　　B. 1　　C. 2　　D. 3

39. 本工程中，2FYJQ1 构件详图中 MJ2 的数量为(　　)个。

A. 1　　B. 2　　C. 3　　D. 4

40. 本工程中，2FYJQ1 构件详图中预制端与半灌浆套筒 GT14 连接的钢筋是(　　)号筋。

A. ③　　B. ④　　C. ⑤　　D. ⑥

41. 本工程中，4FYWQ1 构件详图中与 MK1 连接的钢筋来自(　　)。

A. 2FYJQ1　　B. 2FYJQ11F　　C. 4FYWQ8F　　D. 3FYWQ1

42. 本工程中，2FYJQ1 构件详图中 KD1 的数量为(　　)个。

A. 8　　B. 10　　C. 12　　D. 14

43. 本工程中，2FYJQ1 构件详图中结合面设置为键槽的是(　　)。

A. 顶部　　B. 底部　　C. 侧面　　D. 安装面

44. 本工程中，2FYJQ1 构件详图中⑤号筋外露长度(不含 135°弯钩长度)为(　　)。

A. 200　　B. 250　　C. 300　　D. 330

45. 本工程中，预制剪力墙楼面处水平后浇带高度为(　　)mm。

A. 100　　B. 150　　C. 200　　D. 250

46. 本工程中，预制剪力墙楼面处水平后浇带内纵向钢筋为(　　)。

A. 2Φ8　　B. 2Φ10　　C. 2Φ12　　D. 2Φ14

47. 本工程中，预制剪力墙屋面处后浇圈梁高度为(　　)mm。

A. 100　　B. 150　　C. 200　　D. 250

48. 本工程中，预制剪力墙屋面处后浇圈梁纵向钢筋为(　　)。

A. 4Φ8　　B. 4Φ10　　C. 4Φ12　　D. 4Φ14

49. 本工程中，预制剪力墙屋面处后浇圈梁箍筋为(　　)。

A. Φ6@200　　B. Φ8@200　　C. Φ6@250　　D. Φ8@150

50. 本工程中，2FYJQ1 构件详图中顶部企口壁厚(　　)mm。

A. 50　　B. 60　　C. 80　　D. 100

51. 本工程中，2FYJQ1 构件详图中顶部企口壁高(　　)mm。
A. 100　　B. 120　　C. 150　　D. 200
52. 用手机扫描下图中的 PC 构件二维码，回答该 PC 构件的混凝土强度等级为(　　)。
A. C30　　B. C40　　C. C20　　D. C45

53. 根据《装配式混凝土结构技术规程》(JGJ 1— 2014)，预制墙板长度尺寸允许偏差为(　　)mm。
A. ±3　　B. ±4
C. ±5　　D. ±10
54. 有关预制率和装配率表述错误的是(　　)。
A. 国标采用“装配率”单率单控的技术体系
B. 武汉市采用“预制率”“装配率”两率双控的技术体系
C. 上海市采用“预制率”“装配率”两率双控的技术体系
D. 北京市采用“预制率”“装配率”两率双控的技术体系
55. 预制墙板采用靠放架堆放时，与地面的倾斜角度宜大于(　　)°；墙板宜对称靠放且外饰面朝(　　)。
A. 60，内　　B. 70，内　　C. 70，外　　D. 80，外
56. 本工程中，2FYTC1 位于 PM-02 的 A13＃二层预制构件平面(　　)间。
A. ①～④/E 轴　　B. ②～④/D～E 轴　　C. ①～③/A 轴　　D. ①～③/D 轴
57. 夹心保温外墙板采用平模反打工艺生产时，工艺顺序正确的是(　　)。
A. 浇筑外叶板混凝土→安装保温层和拉结件→浇筑内叶板混凝土
B. 安装保温层和拉结件→浇筑外叶板混凝土→浇筑内叶板混凝土
C. 浇筑内叶板混凝土→浇筑外叶板混凝土→安装保温层和拉结件
D. 浇筑内叶板混凝土→安装保温层和拉结件→浇筑外叶板混凝土
58. 根据《装配式建筑评价标准》(GB/T 51129—2017)，如果本工程装配率为 65.8%，则其评价等级为(　　)。
A. 无级别装配式　　B. A 级别装配式　　C. AA 级别装配式　　D. AAA 级别装配式
59. 本工程中，3FYTC2F 构件详图中与盲孔连接的钢筋为(　　)。
A. V1　　B. V2　　C. V3　　D. M1
60. 本工程中，2FYTC2F 构件详图中窗洞口尺寸为(　　)；洞口加强筋 J2 的长度为(　　)。
A. 600 ×1500，500　　B. 600 ×1700，500　　C. 600 ×1700，700　　D. 600 ×1500，700

二、多项选择题(共 15 小题，每小题 4 分，合计 60 分。错选、多选不得分，漏选得 2 分。)

61. 本工程采用的 PC 构件类型有(　　)。
A. 飘窗板　　B. 叠合梁　　C. 叠合板　　D. 剪力墙　　E. 围护墙
62. 本工程预制构件布置的楼层有(　　)。
A. 一层　　B. 二层　　C. 三层　　D. 四层　　E. 基础
63. 装配式混凝土结构湿式连接的方式有(　　)。
A. 套筒灌浆　　B. 螺栓连接　　C. 焊接连接　　D. 后浇混凝土连接　　E. 浆锚搭接
64. 灌浆套筒 GTQ4Z-25 适用的连接钢筋有(　　)。
A. Φ20　　B. Φ22　　C. Φ25　　D. Φ28　　E. Φ30
65. 装配式混凝土结构干式连接的方式有(　　)。
A. 套筒灌浆　　B. 螺栓连接　　C. 焊接连接　　D. 后浇混凝土连接　　E. 构件搭接
66. 本工程中，2FYJQ1 构件详图中结合面设置为粗糙面的有(　　)。

A. 顶部　　B. 底部　　C. 侧面　　D. 安装面　　E. 安装面背面

67. 根据《装配式建筑评价标准》(GB/T 51129—2017),装配式建筑的评价等级划分正确的有(　　)。

A. $P<50\%$;非装配式

B. $50\%\leqslant P<60\%$;无级别装配式

C. $60\%\leqslant P\leqslant 75\%$;A 级别装配式

D. $76\%\leqslant P\leqslant 90\%$;AA 级别装配式

E. $P\geqslant 91\%$;AAA 级别装配式

68. 本工程预制剪力墙与现浇边缘构件竖向节点详图中,有关一字型竖向节点做法说法错误的是(　　)。

A. 预制段水平外伸钢筋采用 U 形筋

B. 预制段水平外伸钢筋采用开口式(带 135°弯钩)

C. 预制段水平外伸钢筋外伸长度为 250 mm

D. 预制段水平外伸钢筋外伸长度为 240 mm

E. 水平附加连接钢筋长度＝现浇边缘构件长度－20

69. 粗糙面的制作方法有(　　)。

A. 拉毛　　B. 刻花　　C. 凿毛

D. 键槽　　E. 水洗面(缓凝水冲法、露骨料)

70. 关于本工程,下列说法正确的是(　　)。

A. 本工程楼板采用现浇楼板

B. 与 MK1 连接的 YWQ 不承重,起围护或装饰作用

C. 结构楼层标高处 YJQ 安装缝(连通腔灌浆)厚度为 20 mm

D. 本工程楼板采用桁架钢筋叠合楼板

E. 与 GT14 连接的 YJQ 承重

71. 关于本工程,下列说法正确的是(　　)。

A. YTC 与现浇梁连接的 150 mm 厚凸窗板侧面键槽深度为 30 mm

B. YTC 中与 MK1 连接的盲孔插筋(盲孔限位筋)高于结构面(锚固深度)$\geqslant 15d$

C. 结构楼层标高处 YTC 安装缝(坐浆)厚度为 20 mm

D. YTC 与现浇梁连接的 150 mm 厚凸窗板侧面键槽深度为 20 mm

E. YTC 中与 MK1 连接的盲孔插筋(盲孔限位筋)高于结构面(锚固深度)$\geqslant 8d$

72. 下列关于"1＋X"装配式建筑构件制作与安装职业技能等级证书考核说法正确的有(　　)。

A. "1＋X"装配式建筑构件制作与安装职业技能等级分为三个等级:初级、中级、高级

B. 中级面向建筑相关专业高等职业学校及以上

C. 职业技能考评:科目一(在线机考)、科目二(实操考核)考核成绩实行两年为一个周期的滚动管理办法

D. 科目二(实操考核)考核项目:必考项(构件制作)＋三选一(构件吊装、构件灌浆、接缝防水)

E. 科目二(实操考核)考核项目:均为分组考试,单人评分

73. 下列有关本工程设计依据——《装配式混凝土结构工程施工与质量验收规程》(DB42/T 1225—2016)的说法正确的有(　　)。

A. DB 为地方标准　B. 42 代表湖北省　C. T 表示推荐性　D. 2016 表示年份　E. T 表示强制性

74. 下列 PC 构件生产设备中属于循环系统的有(　　)。

A. 导向轮　　B. 布料机　　C. 养护窑　　D. 驱动轮　　E. 摆渡车

75. 根据《装配式建筑评价标准》(GB/T 51129—2017),可进行装配式建筑等级评价的条件有(　　)。

A. 装配率不低于 50%

B. 主体结构部分的评价分值不低于 20 分

C. 主体结构竖向构件中预制部品部件的应用比例不低于 35%

D. 围护墙和内隔墙部分的评价分值不低于 10 分

E. 采用全装修

"1＋X"建筑工程识图职业技能等级证书考核
"1＋X"装配式建筑构件制作与安装职业技能等级证书考核(科目一)
识图卷一答题卡(装配式混凝土结构)(满分180分)

※※※

答题须知：

1. 请依据提供的《花山印象叠墅A13＃楼深化设计图》作答，深化设计图纸包含14张。
2. 以下题目包含单项选择题和多项选择题。

一、单项选择题(共60小题，每小题2分，合计120分)

1	2	3	4	5	6	7	8	9	10
11	12	13	14	15	16	17	18	19	20
21	22	23	24	25	26	27	28	29	30
31	32	33	34	35	36	37	38	39	40
41	42	43	44	45	46	47	48	49	50
51	52	53	54	55	56	57	58	59	60

二、多项选择题(共15小题，每小题4分，合计60分。错选、多选不得分，漏选得2分。)

61	62	63	64	65
66	67	68	69	70
71	72	73	74	75

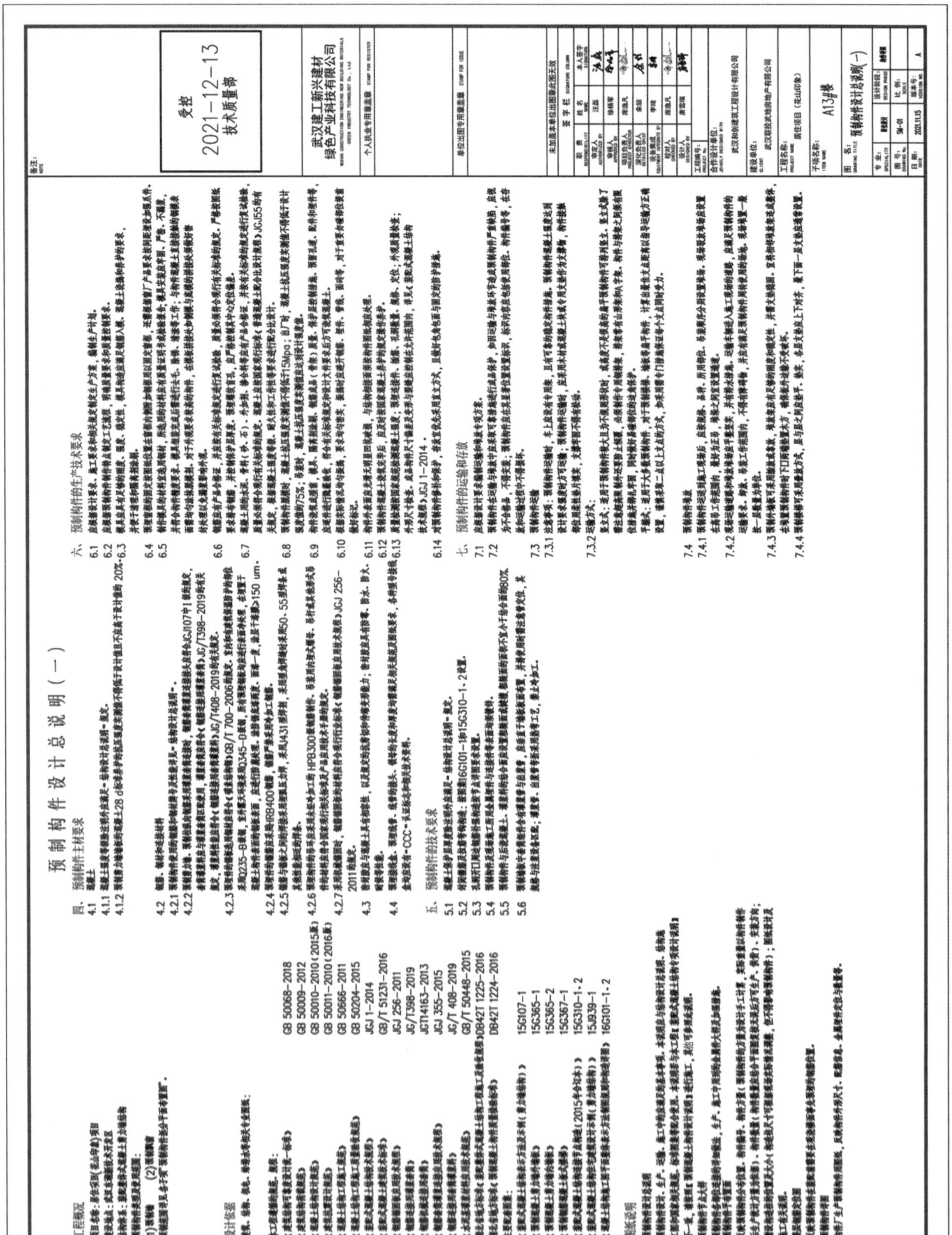
预制构件设计总说明（一）
受控
2021-12-13
技术质量部
武汉建工新兴建材绿色产业科技有限公司
A13#楼

会签 COUNTERSIGNATURE COLUMN	
结构 STRUCTURE	暖通 VENTILATION
建筑 ARCHITECTURE	电气 ELECTRONICS
	给排水 PLUMBING

预制构件设计总说明（二）

八、吊装施工要求

8.1 施工单位应编制详细的施工组织设计和专项施工方案。

8.2 预制构件安装前应按吊装流程核对构件编号，清点数量，预制构件吊装前，应根据预制构件的单件重量、形状、安装高度、吊装现场条件来确定机械型号与配套吊具，回转半径应覆盖吊装区域，并便于安装与拆除。

8.3 预制构件吊装应采用慢起、快升、缓放的操作方式，预制构件吊装前应进行试吊，吊钩与限位装置的距离不应小于1 m。起吊应依次逐级增加速度，不应越档操作。构件吊装下降时，构件根部应系好缆风绳控制构件转动，保证构件就位平稳。

8.4 预制构件的盲孔插筋必须按图纸标注位置准确预埋。

8.5 未做特殊说明时，所用吊具材质、规格、强度必须满足国标要求，吊具须有专人管理并做使用记录，每次使用前应检查损坏情况。对于大开洞、香肠式等构件的薄弱部位，构件厂应做加强构造处理，且加强件应在吊装完成后拆除。

8.6 预制墙板应采用有分配梁或分配桁架的吊具，吊点合力作用线应与预制构件重心重合，预制构件应在校准定位和临时支撑安装完成后方可脱钩。预制墙板安装就位后，应及时校准并采取与楼层间的临时斜支撑措施，且每个预制墙板的上部斜支撑和下部斜支撑各不宜少于两道。

8.7 预制板施工时应设置临时支撑，第一道横向支撑到支座边不大于0.5 m，最大支撑间距不大于2 m；悬挑构件应层层设置支撑，待结构达到设计强度要求时方可拆除。

8.8 每块预制构件吊装稳固后均需测量水平与垂直度偏差在允许范围内，遇需调整时应松开相关紧固件，严禁蛮力校正。安装允许偏差范围详见《装配式混凝土结构技术规程》JGJ 1—2014 的要求。

九、构件与现浇结构连接

9.1 后浇混凝土应满足设计要求，浇筑时不应漏浆，在浇混凝土之前清扫并洒水湿润混凝土结合面，混凝土应连续浇捣并振捣密实。

9.2 装配整体式结构连接部位后浇混凝土或灌浆料强度达到设计要求，方可拆除支撑及进行上部结构吊装施工。

9.3 构件安装时需综合考虑临时支撑、构件加固措施、施工顺序及工艺，完善细化相应的施工方案，保证施工安全。

9.4 受弯叠合构件的施工要求：叠合受弯构件的支撑应根据设计或施工方案的要求设置，支撑的标高除满足设计外，还应考虑支承系统自身的变形；施工活荷不得超过1.5 kN/m²，未经设计允许不允许切割楼板或开洞，任何情况下，不得将预制构件上的外伸锚固钢筋弯曲或割除，以保证结构的安全性；叠合受弯构件应在后浇混凝土达到设计强度后方可拆卸支撑。

9.5 预制楼梯与现浇梁板采用预埋件焊接连接时，应先施工梁板，后放置、焊接楼梯；采用锚固钢筋连接时，应先放置楼梯，后施工梁板。

9.6 预制楼梯端部连接的承重构件（结构梁、梯梁、梯柱）均为现浇，其定位、尺寸等施工时需结合预制构件图纸和原设计图，确保准确无误后方可施工。

十、钢筋连接用套筒灌浆操作要求

10.1 预制构件受力钢筋的套筒灌浆连接头宜采用同一供应商配套提供并由专业工厂生产的灌浆套筒和料，其性能应满足现行行业标准《钢筋机械连接技术规程》JGJ 107中Ⅰ级接头的要求，并应满足国家现行相关标准的要求。

10.2 钢筋套筒灌浆连接的施工应符合《钢筋套筒灌浆连接技术规程》JGJ 355—2015 的相关要求。

10.3 预制结构件采用钢筋套筒灌浆连接时，应在构件生产前进行钢筋套筒灌浆连接接头的抗拉强度实验，每种规格不少于3个。

10.4 套筒灌浆操作应由供货方对施工人员进行培训并认可，施工方应固定灌浆操作员，严禁未经培训的人员随意操作。

10.5 套筒灌浆时要求监理一起参加旁站逐个逐项检查，并做好相关记录，必须确保连接节点施工质量。

10.6 灌浆路径过长时应做分仓处理，对于预制剪力墙钢筋的套筒灌浆分仓长度沿墙长方向不宜大于1.5 m，并应对各仓接缝周围进行封堵，封堵措施应符合结合面承载力设计要求，且单边入墙厚度不应大于20 mm。

10.7 螺纹盲孔（或波纹管）的灌浆参照套筒施工，灌浆料采用水泥基灌浆料（Ⅱ类），浆料的强度等级不应低于被连接构件混凝土强度等级，且应满足《水泥基灌浆材料应用技术规范》GB/T 50448—2015 的相关要求；灌浆前应检查螺纹盲孔内是否阻塞或有杂物，灌浆时由下孔灌入，上孔冒浆即为灌满，及时用皮塞塞紧。

十一、防水设计

11.1 预制构件的接缝及门窗洞口处的防水做法应严格按照设计详图要求施工。

11.2 外墙接缝处的密封材料应与混凝土具有相容性以及规定的抗剪切和伸缩变形能力，尚应具有防霉、防水的能力、

11.3 预制墙板缝外侧耐候胶厚度应不小于10 mm；打胶中断处应45 对接，以保证耐候胶的密封连续性；窗框四周预留6x6胶槽需满打耐候胶。

十二、质量验收与施工安全

12.1 装配整体式混凝土构件质量验收应按分项工程进行验收；装配式结构应按混凝土结构子分部工程进行验收。

12.2 构件制作的模板分项工程、钢筋分项工程和混凝土分项工程质量验收，除应符合《预制混凝土构件质量检验标准》DB42/T 1224—2016的规定外，尚应符合现行国家标准《装配式混凝土结构技术规程》JGJ 1—2014 和《装配式混凝土结构工程施工与质量验收规程》DB42/T 1225—2016的有关规定。

12.3 装配式结构验收除应符合《装配式混凝土结构工程施工与质量验收规程》DB42/T 1225—2016的规定外，还应符合现行国家标准《装配式混凝土结构技术规程》JGJ 1—2014 和《混凝土结构工程施工质量验收规范》GB 50204—2015的有关规定。

12.4 预制构件临时吊装支撑应符合设计要求及相关技术标准要求，安装就位后，应采取保证结构构件稳定的临时固定措施或设置相应的装配支撑；装配整体式混凝土构件安装过程的临时支撑和拉结应具有足够的承载力和刚度。

12.5 预制结构施工过程中应严格按照国家标准《建筑施工安全检查标准》JGJ 59和《建筑施工现场环境与卫生标准》JGJ 146等安全的有关规定执行。

十三、其它事项

13.1 吊钉选型可以根据工厂实际采购厂家，选取符合起吊重量的吊钉进行替换。

13.2 其他未尽事宜请遵守国家有关标准规范和规程的有关条例执行。

备注：NOTE

受控
2021-12-13
技术质量部

武汉建工新兴建材绿色产业科技有限公司
WUHAN CONSTRUCTION ENGINEERING NEW BUILDING MATERIALS GREEN INDUSTRY TECHNOLOGY Co., Ltd.

个人执业专用章盖章 STAMP FOR REGISTER

单位出图专用章盖章 STAMP FOR ISSUE

未加盖本单位出图章此图无效

签字栏 SIGNATURE COLUMN

职责 RESPONSIBILITY	姓名 NAME	本人签字 SIGNATURE
审定人 AUTHORIZED BY	汪磊	（签字）
审核人 APPROVED BY	徐杨军	（签字）
项目负责人 PROJECT DIRECTOR	席逸凡	（签字）
深化负责人 DETAILED CHIEF	余喆	（签字）
设备集成 EQUIPMENT INTEGRATE BY	李琦	（签字）
校对人 CHECKED BY	席逸凡	（签字）
设计人 DESIGNED BY	唐雪瑞	（签字）

工程编号：PROJECT No.

合作设计单位：JOINTLY DESIGNED WITH 武汉和创建筑工程设计有限公司

建设单位：CLIENT 武汉联投武地房地产有限公司

工程名称：PROJECT NAME 居住项目（花山印象）

子项名称：ITEM NAME A13#楼

图名：DRAWING TITLE 预制构件设计总说明(二)

专业：SPECIALITY	装配设计	设计阶段：DESIGN PHASE	构件详图
图号：DRAWING No.	SM-02	比例：SCALE	
日期：DATE	2021.11.15	版本号：VERSION NO.	A

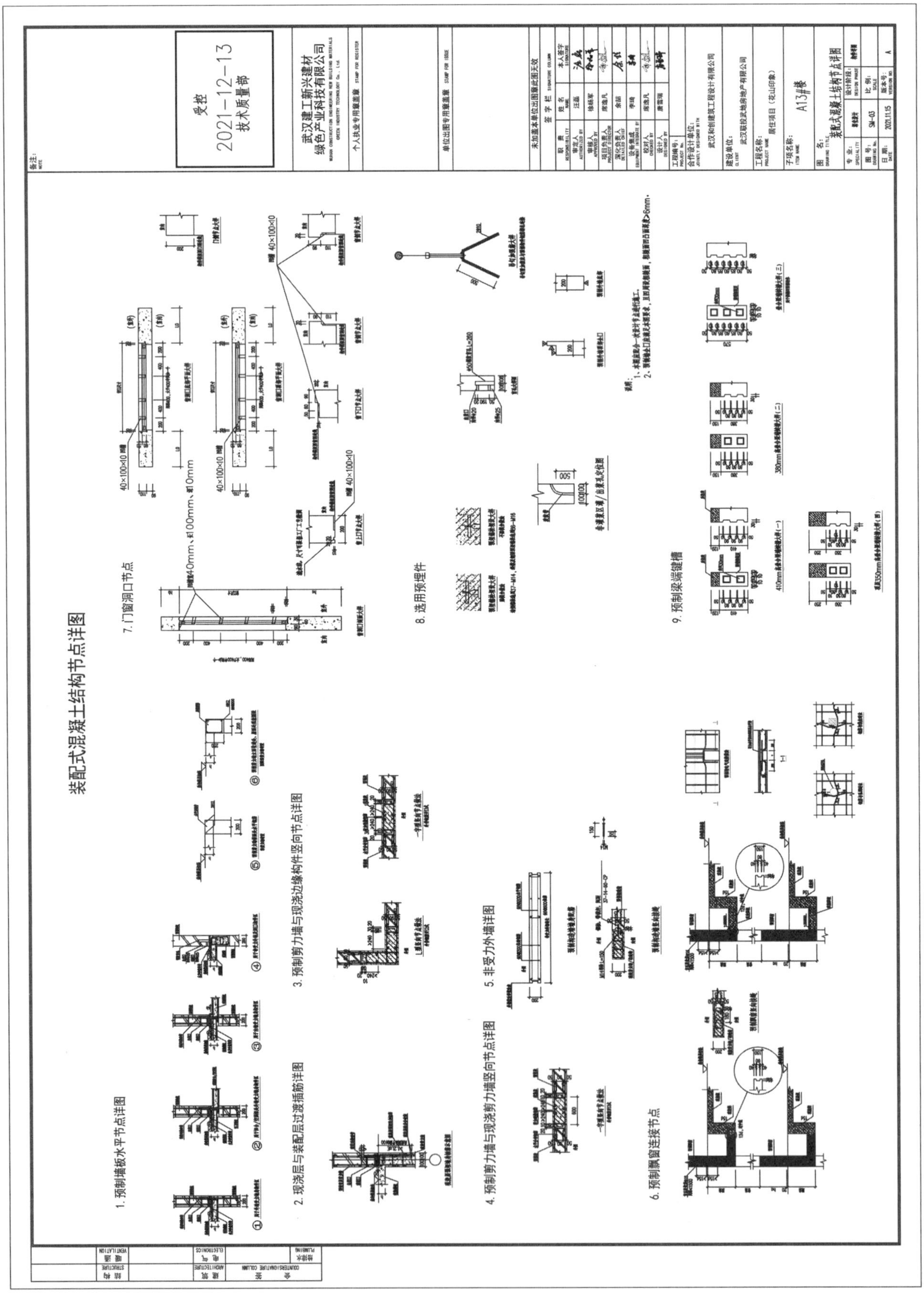
装配式混凝土结构节点详图
1. 预制墙板水平节点详图
2. 现浇层与装配层过渡插筋详图
3. 预制剪力墙与现浇边缘构件竖向节点详图
4. 预制剪力墙与现浇剪力墙竖向节点详图
5. 非受力外墙详图
6. 预制飘窗连接节点
7. 门窗洞口节点
8. 选用预埋件
9. 预制梁端键槽
受控
2021-12-13
技术质量部
武汉建工新兴建材
绿色产业科技有限公司
武汉和创建筑工程设计有限公司
A13#楼
SM-03
2021.11.15

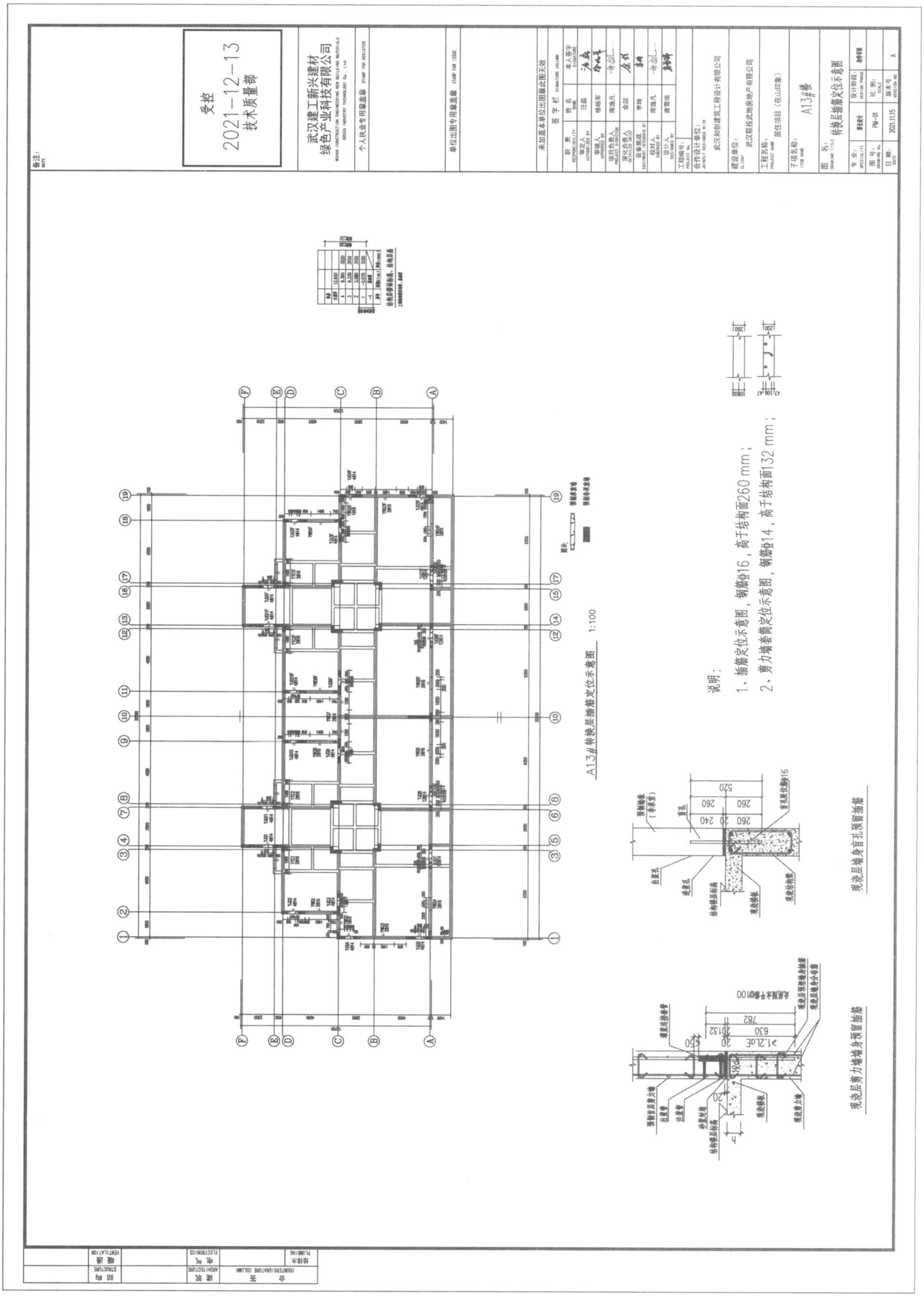
受控
2021-12-13
技术质量部
武汉建工新兴建材绿色产业科技有限公司
A13#转换层插筋定位示意图 1:100
说明：
1、插筋定位示意图，钢筋⌀16，高于结构面260 mm；
2、剪力墙套筒定位示意图，钢筋⌀14，高于结构面132 mm；
现浇层墙身盲孔预留插筋
现浇层剪力墙墙身预留插筋

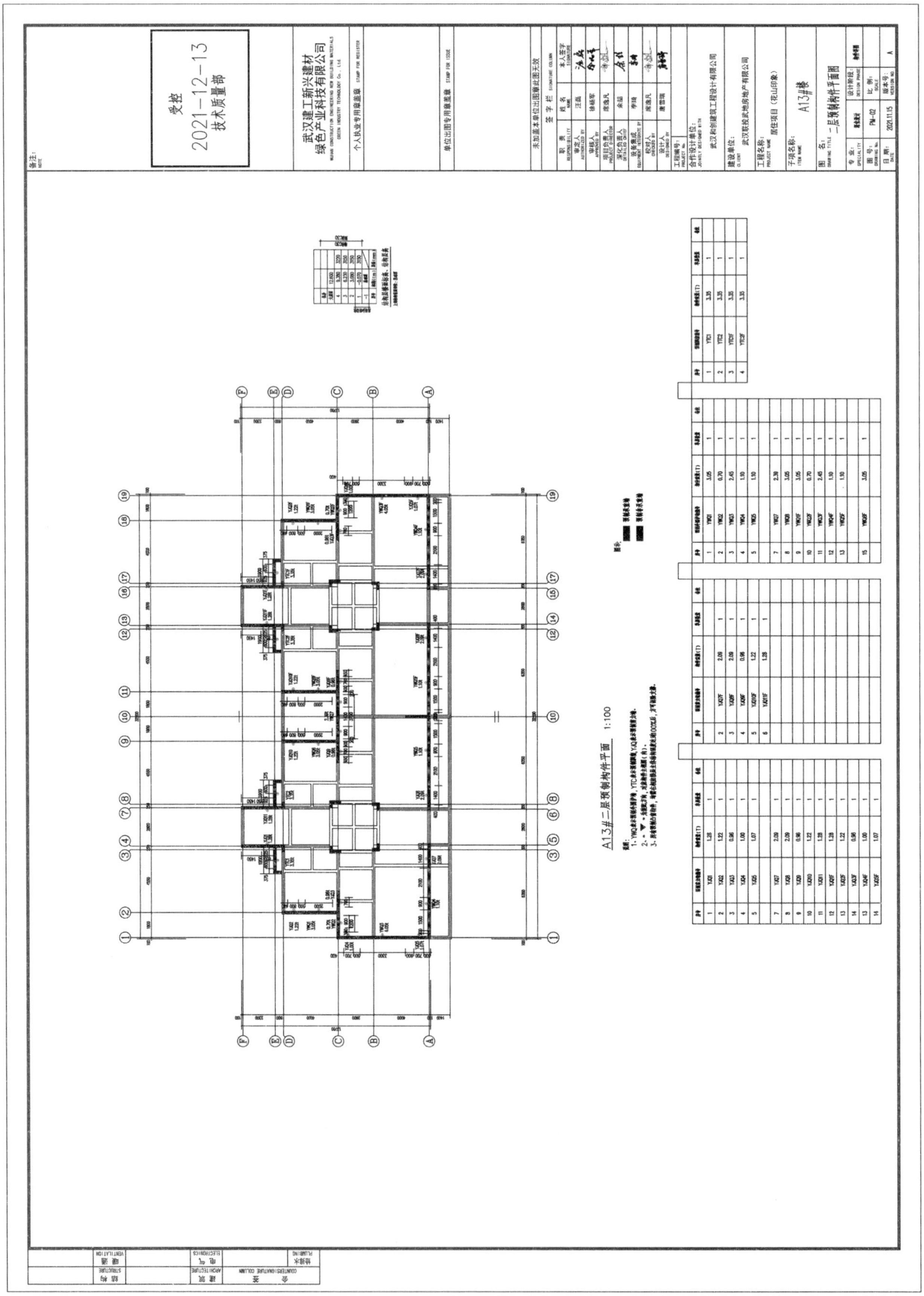

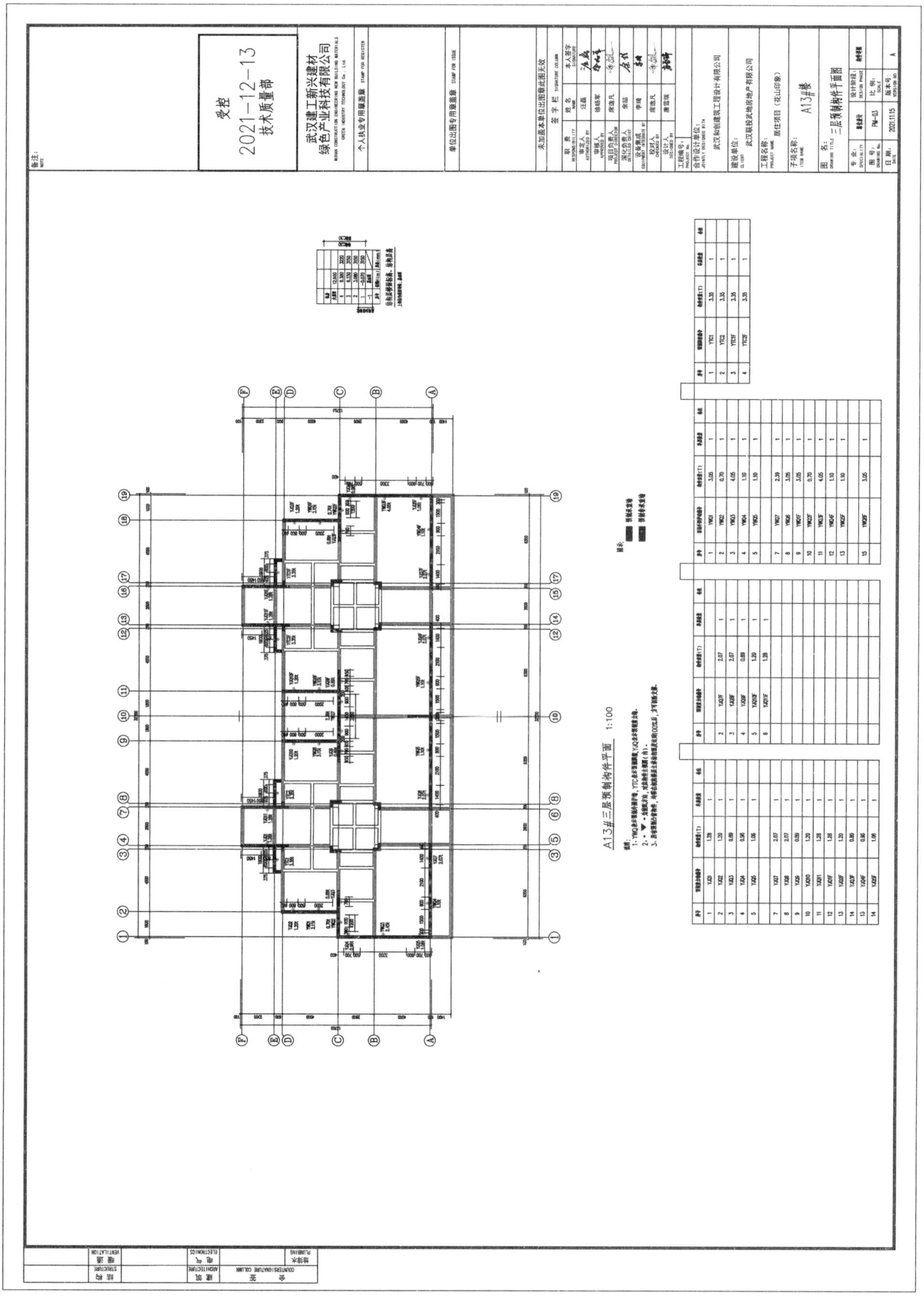
受控
2021-12-13
技术质量部
武汉建工新兴建材绿色产业科技有限公司
A13#三层预制构件平面 1:100

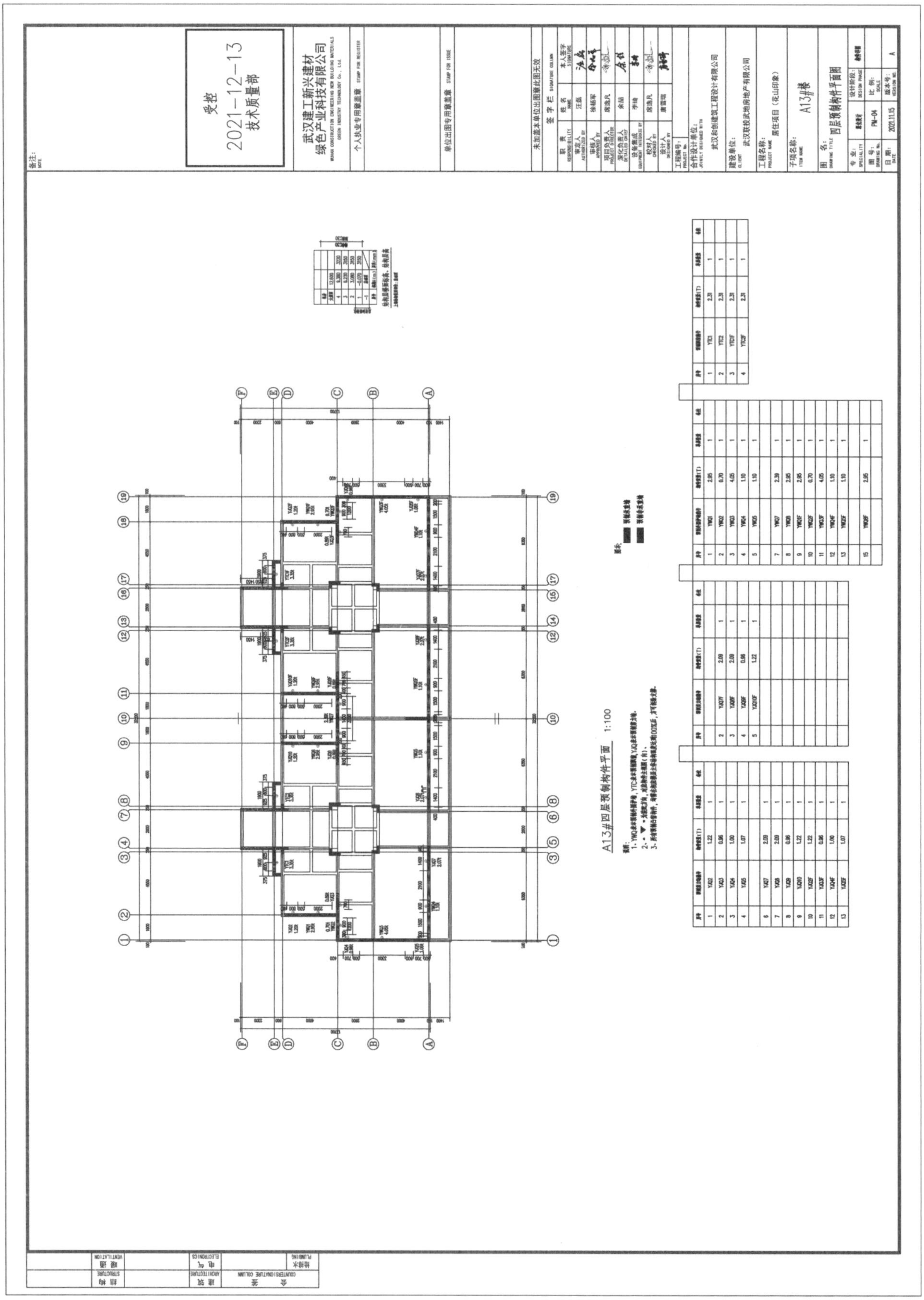
受控
2021-12-13
技术质量部
武汉建工新兴建材绿色产业科技有限公司
A13#四层预制构件平面 1:100

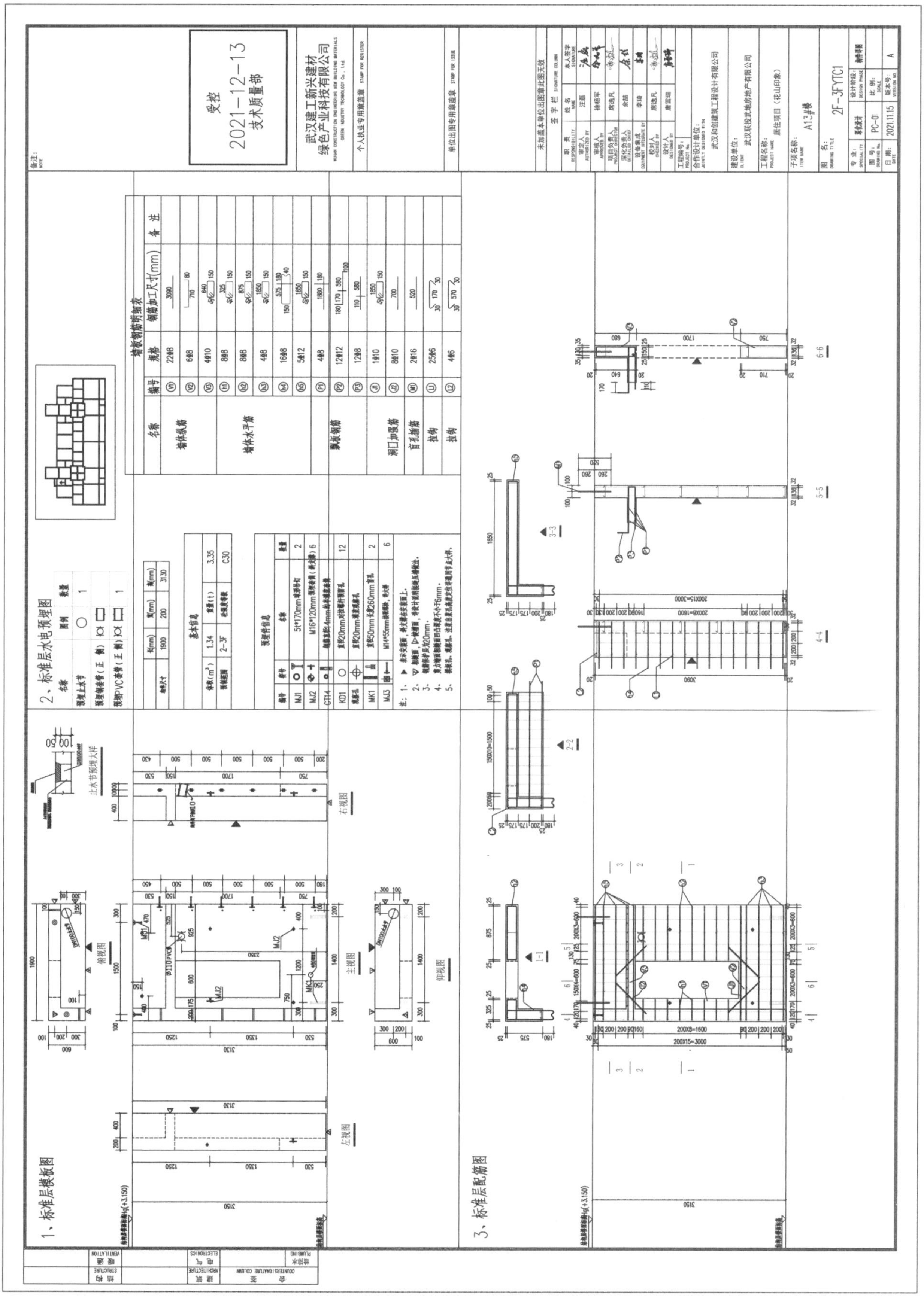
1、标准层模板图
2、标准层水电预埋图
3、标准层配筋图
墙板钢筋明细表
受控
2021-12-13
技术质量部
武汉建工新兴建材绿色产业科技有限公司
2F-3FYTC1

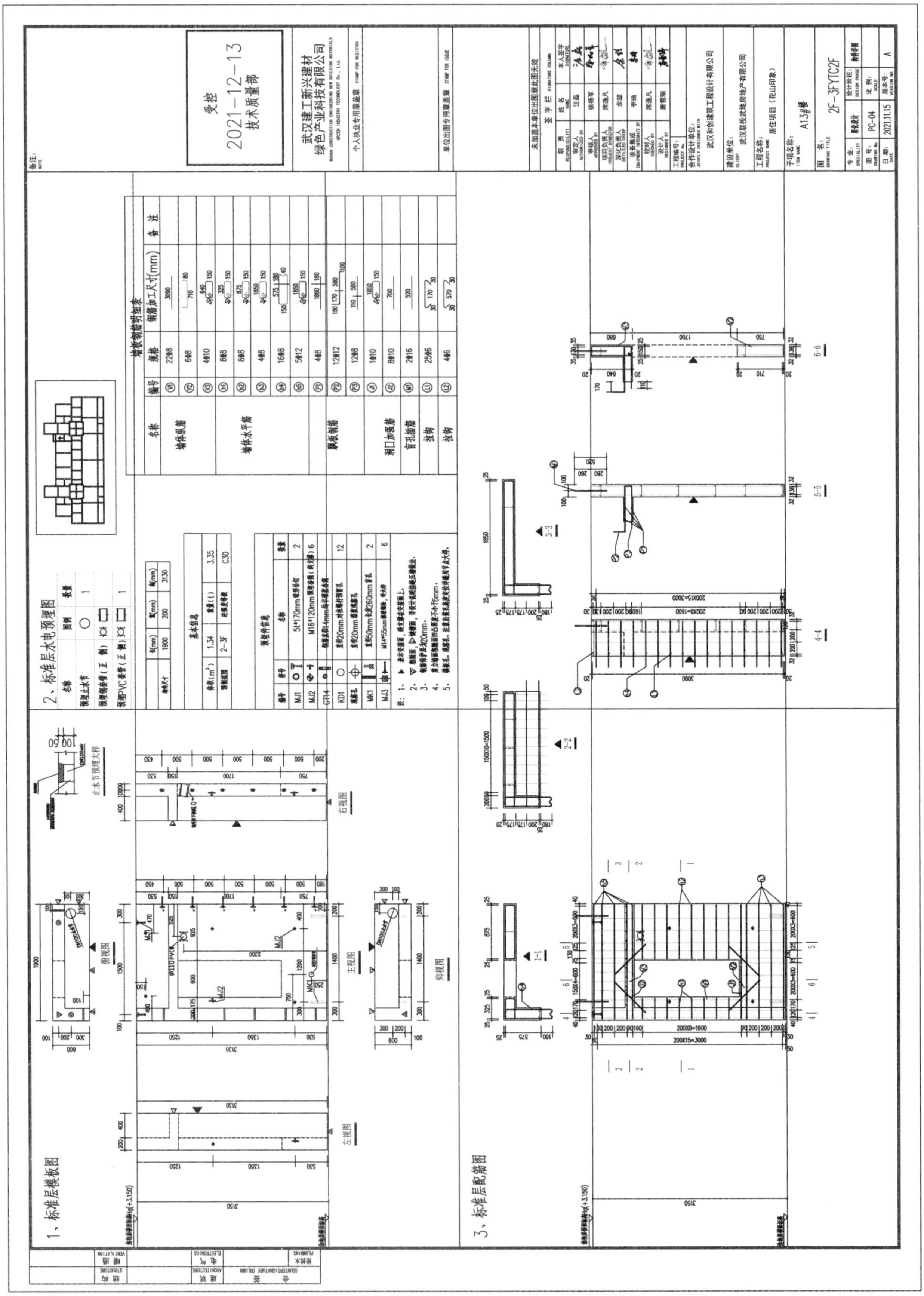
1、标准层模板图
2、标准层水电预埋图
3、标准层配筋图
墙板钢筋明细表
受控
2021-12-13
技术质量部
武汉建工新兴建材绿色产业科技有限公司
A13#楼
2F-3FYTC2F
PC-04
2021.11.15

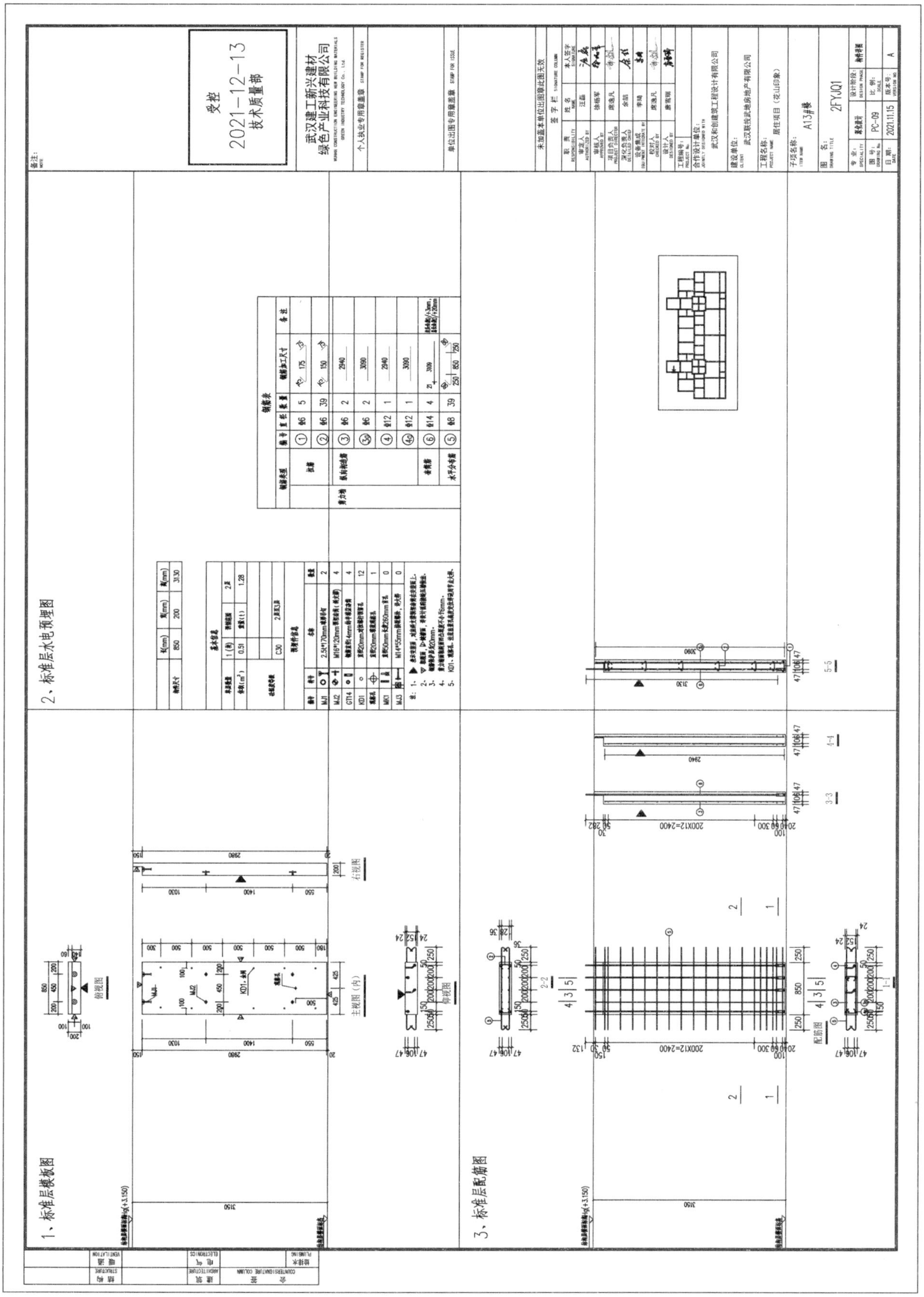
1、标准层模板图
2、标准层水电预埋图
3、标准层配筋图
受控
2021-12-13
技术质量部
武汉建工新兴建材绿色产业科技有限公司
A13#楼
2FYJQ1
PC-09
2021.11.15

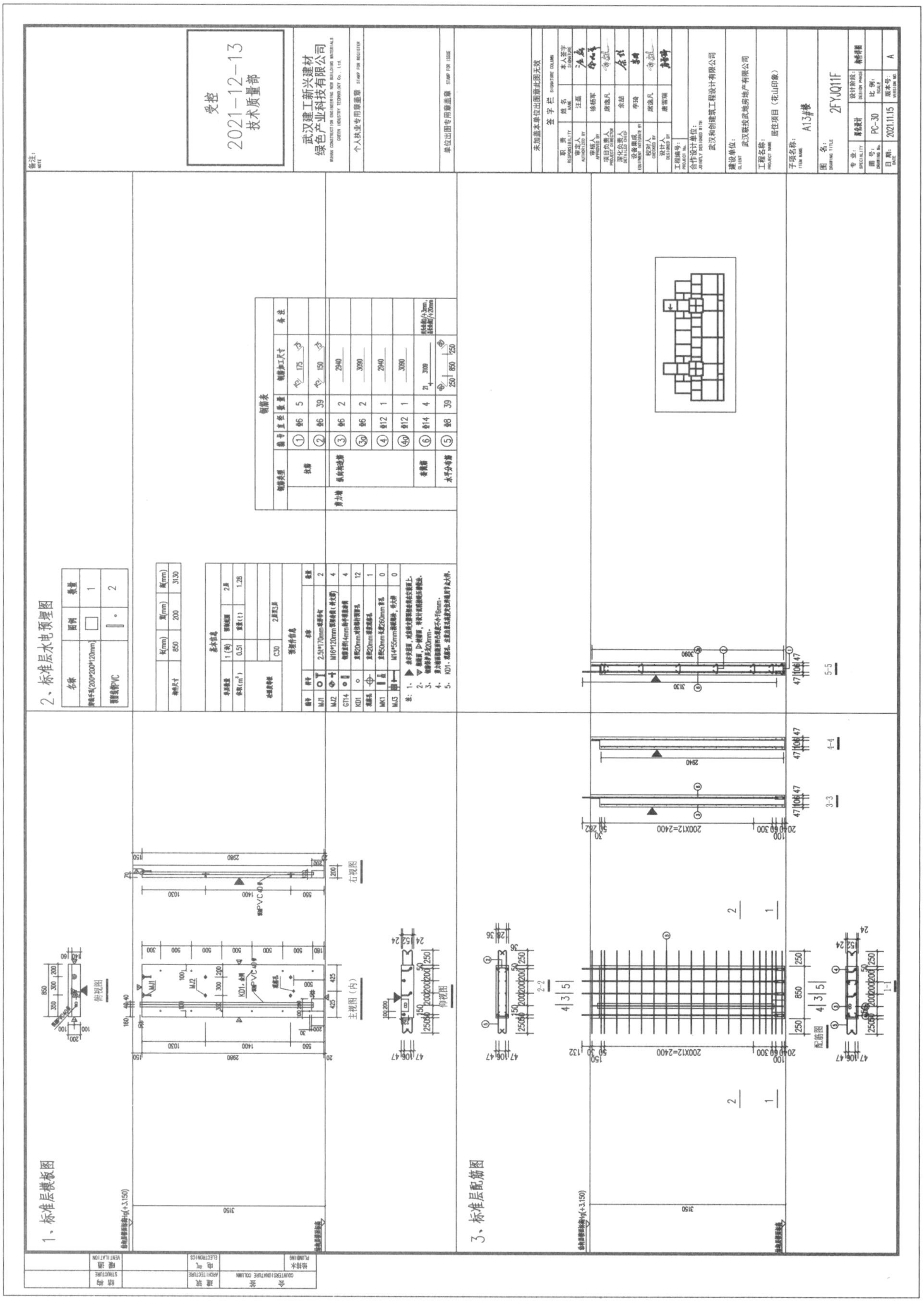
1、标准层模板图
2、标准层水电预埋图
3、标准层配筋图
钢筋表
受控
2021-12-13
技术质量部
武汉建工新兴建材绿色产业科技有限公司
武汉和创建筑工程设计有限公司
武汉联投武地房地产有限公司
A13#楼
2FYJQ11F
PC-30
2021.11.15

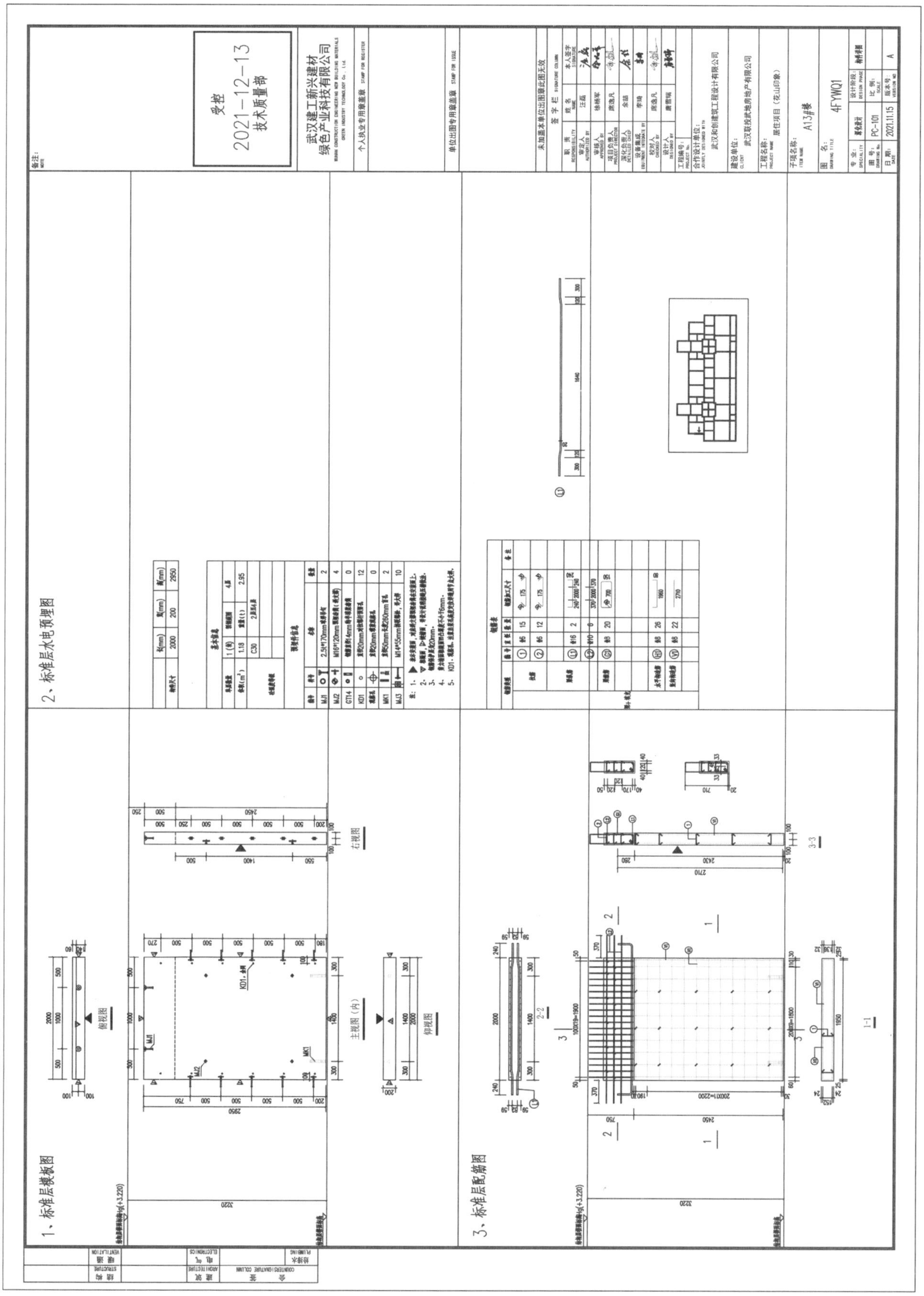
1、标准层模板图
2、标准层水电预埋图
3、标准层配筋图
主视图（内）
俯视图
仰视图
右视图
受控
2021-12-13
技术质量部
武汉建工新兴建材绿色产业科技有限公司
个人执业专用章盖章
单位出图专用章盖章
未加盖本单位出图章此图无效
武汉和创建筑工程设计有限公司
武汉联投武地房地产有限公司
居住项目（花山印象）
A13#楼
4FYWQ1
PC-101
2021.11.15

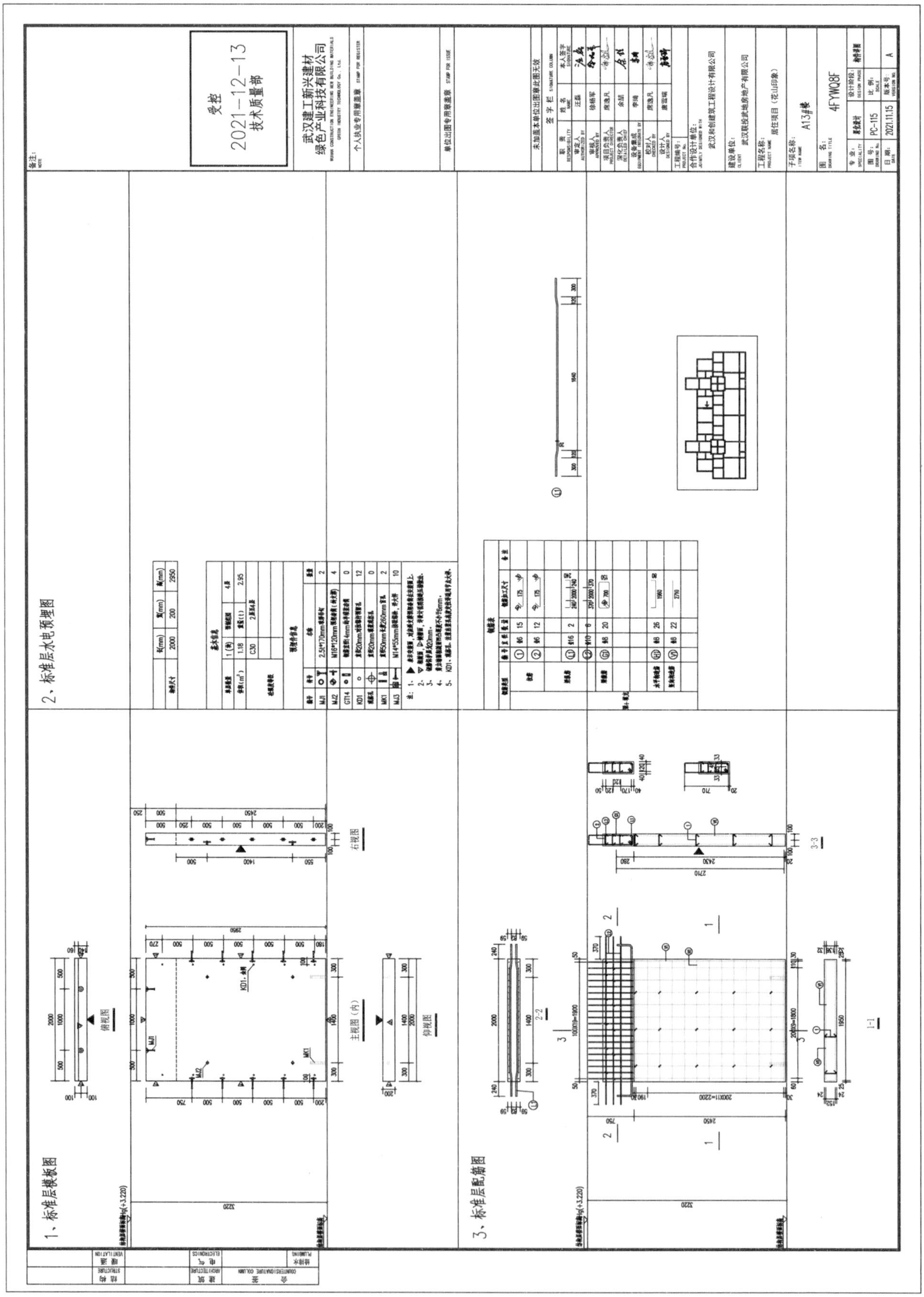
1、标准层模板图
2、标准层水电预埋图
3、标准层配筋图
受控
2021-12-13
技术质量部
武汉建工新兴建材绿色产业科技有限公司

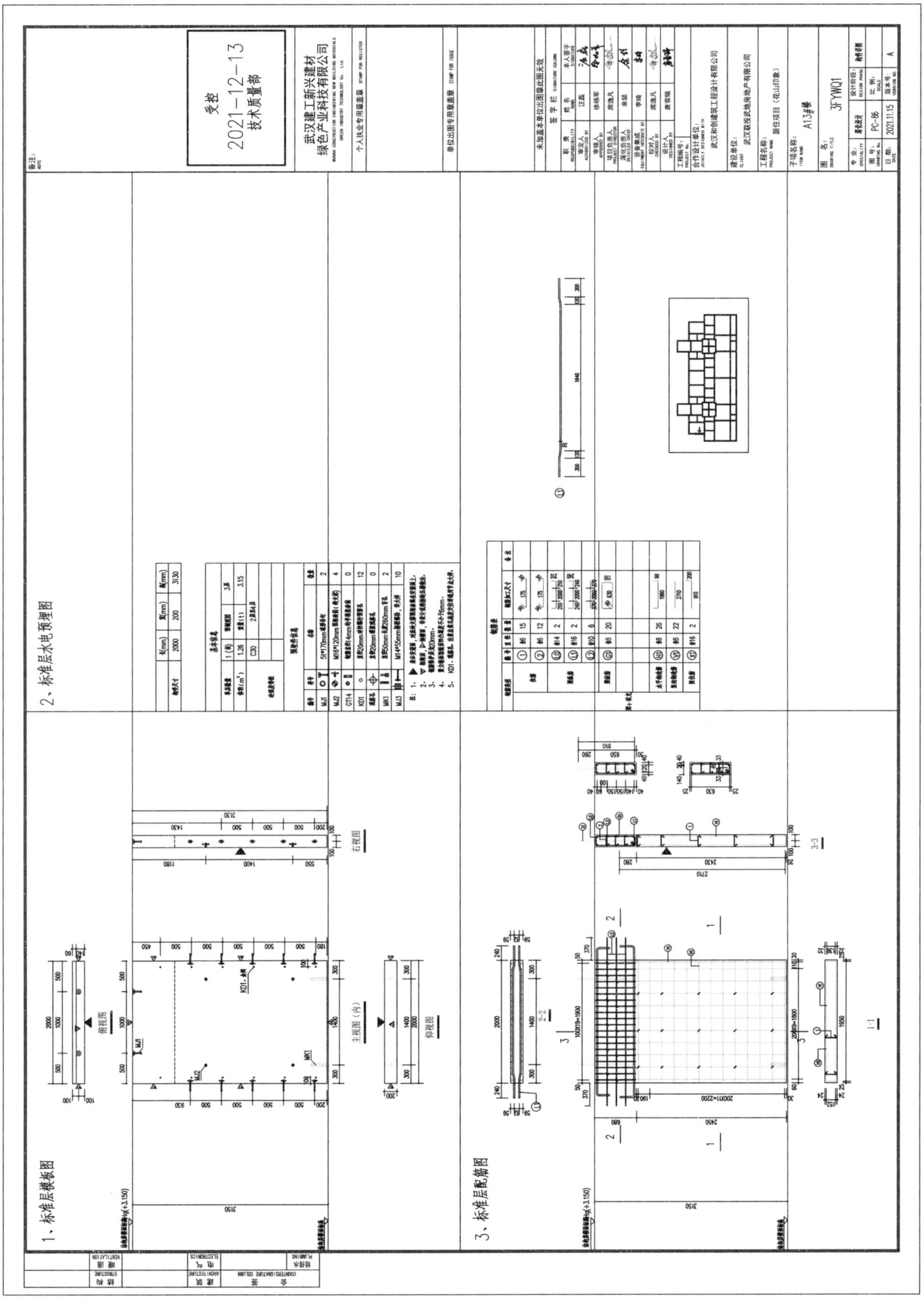
1、标准层模板图
2、标准层水电预埋图
3、标准层配筋图
受控
2021-12-13
技术质量部
武汉建工新兴建材绿色产业科技有限公司
个人执业专用章盖章
单位出图专用章盖章
未加盖本单位出图章出图无效
主视图（内）
俯视图
仰视图
右视图
2-2
3-3
1-1
钢筋表
预埋件信息
基本信息

"1+X"建筑工程识图职业技能等级证书考核
"1+X"装配式建筑构件制作与安装职业技能等级证书考核(科目一)
识图卷二(装配式混凝土结构)(满分 180 分)

※※※

答题须知:

1. 请依据提供的《黄冈城投玲珑家园 8#楼深化设计图》作答,深化设计图纸包含 17 张。
2. 以下题目包含单项选择题和多项选择题。

一、单项选择题(共 60 小题,每小题 2 分,合计 120 分)

1. 本工程结构体系为(　　)。
A. 装配整体式混凝土剪力墙结构　B. 现浇混凝土框架结构
C. 装配整体式混凝土框架结构　D. 现浇混凝土剪力墙结构
2. 本工程上部结构嵌固部位位于(　　)。
A. 地下室顶　B. 负一层顶　C. 一层顶　D. 基础顶
3. 本工程底部加强部位位于(　　)层。
A. −1～2　B. 1～2　C. −1～3　D. 1～3
4. 本工程中,2F-DBS-1 吊点加强筋单根长度为(　　)mm。
A. 240　B. 260　C. 280　D. 300
5. 预制构件与后浇混凝土、灌浆料的结合面应设置粗糙面或键槽:粗糙面的面积不宜小于结合面的(　　)%。[《装配式混凝土结构技术规程》(JGJ 1—2014)]
A. 50　B. 75　C. 80　D. 100
6. 预制梁端、预制柱端、预制墙端的粗糙面凹凸深度不应小于(　　)mm。[《装配式混凝土结构技术规程》(JGJ 1—2014)]
A. 3　B. 4　C. 5　D. 6
7. 预制板的粗糙面凹凸深度不应小于(　　)mm。[《装配式混凝土结构技术规程》(JGJ 1—2014)]
A. 3　B. 4　C. 5　D. 6
8. 本工程中,2F-DBS-104 总厚度为(　　)mm。
A. 120　B. 130　C. 140　D. 150
9. 本工程中,2F-DBS-1 吊点数量为(　　)个。
A. 2　B. 4　C. 6　D. 8
10. 灌浆路径过长时应做分仓处理,预制剪力墙钢筋的套筒灌浆分仓长度沿墙长方向不宜大于(　　)m。
A. 1　B. 2.5　C. 2　D. 1.5
11. 本工程中,2F-DBS-6 单个质量为(　　)t。
A. 0.73　B. 0.32　C. 0.71　D. 0.85
12. 本工程中,2F-DBS-1 预埋件 86 线盒数量为(　　)个。
A. 1　B. 2　C. 3　D. 4
13. 本工程中,2F-DBS-104 钢筋桁架沿跨长方向离板端部距离为(　　)mm。
A. 60　B. 90　C. 100　D. 110
14. 本工程中,2～24FYPCB1 配筋图中的①号筋⌀8 为(　　)。
A. 板底受力钢筋　B. 上铁钢筋　C. 板面受力钢筋　D. 分布钢筋
15. 本工程中,2～24FYPCB1 配筋图中的②号筋⌀8 的数量(单块板)为(　　)根。

A. 6　　B. 7　　C. 8　　D. 9

16. 本工程中，DBS 表示(　　)。

A. 预制飘窗　　B. 预制空调板　　C. 预制叠合板　　D. 预制楼梯

17. 本工程中，2～24FYKTB8 厚度尺寸为(　　)。

A. 100　　B. 110　　C. 120　　D. 130

18. 本工程中，2～24FYPCB1 位于(　　)间。

A. (8－1)～(8－2)/(8－B)～(8－C)轴　　B. (6－1)～(6－2)/(6－B)～(6－C)轴

C. (3－1)～(3－2)/(3－B)～(3－C)轴　　D. (8－2)～(8－3)/(8－B)～(8－C)轴

19. 本工程中，YLT 表示(　　)。

A. 预制飘窗　　B. 预制空调板　　C. 预制叠合板　　D. 预制楼梯

20. 本工程中，YKTB 表示(　　)。

A. 预制飘窗　　B. 预制空调板　　C. 预制叠合板　　D. 预制楼梯

21. 本工程中，YPCB 表示(　　)。

A. 预制飘窗　　B. 预制剪力墙　　C. 预制叠合板　　D. 预制楼梯

22. 本工程中，2～24FYKTB8 预埋件 DN50 止水节的数量为(　　)个。

A. 1　　B. 2　　C. 3　　D. 4

23. 本工程中，

表示(　　)。

A. 键槽面　　B. 模板面　　C. 粗糙面　　D. 无法确定

24. 本工程中，

表示(　　)。

A. 键槽面　　B. 键槽面或粗糙面　　C. 粗糙面　　D. 无法确定

25. 预制剪力墙施工过程中应设置临时支撑，下支撑杆(未设置七字码)倾角 α 一般为(　　)。

A. 15°～30°　　B. 30°～45°　　C. 45°～60°　　D. 60°～90°

26. 预制剪力墙施工过程中应设置临时支撑，上支撑杆倾角 α 一般为(　　)。

A. 15°～30°　　B. 30°～45°　　C. 45°～60°　　D. 60°～90°

27. 本工程 3 层现浇混凝土墙柱的混凝土强度等级为(　　)。

A. C30　　B. C35　　C. C40　　D. C45

28. 本工程结构体系为装配整体式混凝土剪力墙结构，下列说法正确的是(　　)。

A. 由 PC 构件通过可靠的方式进行连接并与现场后浇混凝土、水泥基灌浆料形成整体的装配式混凝土结构，简称装配整体式结构

B. 装配整体式混凝土剪力墙结构的连接方式为干式连接

C. 装配整体式混凝土剪力墙结构的连接方式为螺栓连接

D. 由 PC 构件通过可靠的方式进行连接并与现场后浇混凝土、水泥基灌浆料形成整体的装配式混凝土结构，简称全装配式混凝土结构

29. 本工程－1 层现浇混凝土梁板的混凝土强度等级为(　　)。

A. C25　　B. C30　　C. C35　　D. C40

30. 套筒灌浆连接的带肋钢筋直径范围是(　　)mm。

A. 14～25　　B. 12～40　　C. 16～40　　D. 16～25

31. 本工程中，2～24FYPCB4 贯通抗剪键槽深度为(　　)mm。

A. 20　　B. 30　　C. 40　　D. 50

32. 直径大于(　　)mm 的钢筋不宜采用浆锚搭接连接。

A. 28　　B. 25　　C. 22　　D. 20

33. 本工程中，叠合双向板整体式拼缝宽度为(　　)mm。

A. 200　　B. 300　　C. 400　　D. 500

34. 本工程中，24F-DBS-1 钢筋桁架(A80)总长度为(　　)mm。

A. 3000　　B. 1700　　C. 1100　　D. 8800

35. 本工程中，24F-DBS-1 钢筋桁架（A80）腹杆钢筋型号为（　　）。

A. ⌽8　　B. ⌽6　　C. A6　　D. A8

36. 本工程中，2～屋面层 YLT-1 为（　　）。

A. 双跑楼梯　　B. 剪刀楼梯　　C. 梁式楼梯　　D. 钢楼梯

37. 本工程中，根据深化设计构件详图可判断：2～屋面层 YLT-1 为（　　）生产工艺。

A. 平模　　B. 立模（立式）或平模（卧式）

C. 卧式　　D. 立模（立式）

38. 本工程中，2～24FYKTB8 构件详图中粗糙面的数量为（　　）个。

A. 1　　B. 2　　C. 3　　D. 4

39. 本工程中，2～24FYPCB1 构件详图中吊装用预埋件的数量为（　　）个。

A. 1　　B. 2　　C. 3　　D. 4

40. 本工程中，2～屋面层 YLT-1 配筋图中的①号筋、②号筋为（　　），③号筋为（　　）。

A. 受力钢筋，受力钢筋　　B. 受力钢筋，分布钢筋

C. 分布钢筋，受力钢筋　　D. 分布钢筋，分布钢筋

41. 本工程中，2～屋面层 YLT-1 构件详图中吊装用预埋件的数量为（　　）个。

A. 2　　B. 4　　C. 6　　D. 8

42. 本工程中，2～屋面层 YLT-1 构件详图中脱模用预埋件的数量为（　　）个。

A. 2　　B. 4　　C. 6　　D. 8

43. 本工程中，2～屋面层 YLT-2 构件详图中踏步防滑槽的数量为（　　）个，防滑槽长度比梯段板宽度短（　　）mm。

A. 8，20　　B. 8，40　　C. 9，20　　D. 9，40

44. 装配整体式框架结构中，当房屋高度大于 12 m 或层数超过 3 层时，预制柱的纵向钢筋宜采用（　　）连接。

A. 浆锚搭接　　B. 焊接　　C. 套筒灌浆　　D. 绑扎搭接

45. 关于高层装配整体式混凝土结构，下列说法错误的是（　　）。

A. 宜设置地下室，地下室宜采用现浇混凝土

B. 剪力墙结构底部加强部位的剪力墙宜采用现浇混凝土

C. 框架结构首层柱宜采用现浇混凝土，顶层宜采用现浇楼盖结构

D. 剪力墙结构底部加强部位的剪力墙宜采用预制混凝土

46. 下图中，叠合框架梁采用组合封闭箍筋时，现场应采用箍筋帽封闭开口箍，箍筋帽末端应做成 135°弯钩，抗震设计时，平直段长度不应小于（　　）d。

A. 3　　B. 5　　C. 8　　D. 10

47. 下图中，叠合框架梁采用组合封闭箍筋时，编号 2 为（　　），编号 4 为（　　）。

A. 预制梁，纵筋　　B. 开口箍筋，箍筋帽

C. 开口箍筋，纵筋　　D. 纵筋，箍筋帽

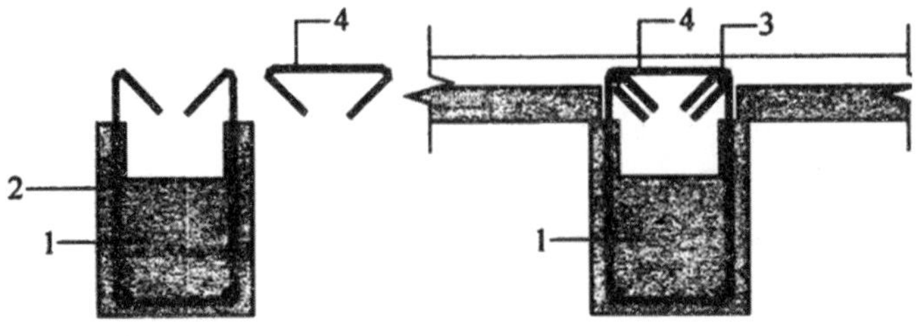

48. 抗震等级为一、二级的叠合框架梁的梁端箍筋加密区宜采用（　　）箍筋。

A. 整体封闭　　B. 组合封闭　　C. 都可以　　D. 不确定

49. 装配整体式框架结构中，当采用凹口截面预制梁时，凹口深度不宜小于（　　）mm，凹口边厚度不宜小于

(　　)mm。

A. 50,60　　B. 60,70　　C. 70,80　　D. 60,60

50. 本工程中,2～屋面层 YLT-1 构件详图中梯段板厚(　　)mm。

A. 110　　B. 120　　C. 130　　D. 140

51. 用手机扫描下图中的 PC 构件二维码,回答该 PC 构件①号钢筋符号表示的钢筋类别为(　　)。

A. CRB600H　　B. HRB400　　C. HRB500　　D. CRB550

52. 用手机扫描下图中的 PC 构件二维码,回答该 PC 构件预埋件 MJ1 的数量为(　　)个。

A. 2　　B. 4　　C. 6　　D. 8

53. 根据《装配式混凝土结构技术规程》(JGJ 1—2014),预制板宽度尺寸允许偏差为(　　)mm。

A. ±3　　B. ±4

C. ±5　　D. ±10

54. 有关预制率和装配率表述错误的是(　　)。

A. 国标采用"装配率"单率单控的技术体系

B. 上海市采用"预制率""装配率"两率双控的技术体系

C. 武汉市采用"预制率""装配率"两率双控的技术体系

D. 北京市采用"预制率""装配率"两率双控的技术体系

55. 预制墙板采用靠放架堆放时,与地面的倾斜角度宜大于(　　)°;墙板宜对称靠放且外饰面朝(　　)。

A. 60,内　　B. 80,外　　C. 70,外　　D. 70,内

56. 本工程 2～24FYKTB1 位于(　　)间。

A. (8—12)～(8—14)/(8—B)～(8—C)轴　　B. (6—12)～(6—14)/(6—G)～(6—H)轴

C. (3—12)～(3—14)/(3—G)～(3—H)轴　　D. (8—12)～(8—14)/(8—G)～(8—H)轴

57. 夹心保温外墙板采用平模反打工艺生产时,工艺顺序正确的是(　　)。

A. 浇筑内叶板混凝土→安装保温层和拉结件→浇筑外叶板混凝土

B. 安装保温层和拉结件→浇筑外叶板混凝土→浇筑内叶板混凝土

C. 浇筑内叶板混凝土→浇筑外叶板混凝土→安装保温层和拉结件

D. 浇筑外叶板混凝土→安装保温层和拉结件→浇筑内叶板混凝土

58. 根据《装配式建筑评价标准》(GB/T 51129—2017),如果本工程装配率为 76.8%,则其评价等级为(　　)。

A. 无级别装配式　　B. A 级别装配式　　C. AA 级别装配式　　D. AAA 级别装配式

59. 本工程中,2～屋面层 YLT-2 构件详图中,单个梯段板栏杆预埋件的数量为(　　)个。

A. 2　　B. 3　　C. 4　　D. 5

60. 本工程中,2～屋面层 YLT-1 固定铰端销键孔锚头为(　　)C 级螺栓;销键孔灌浆料为(　　)。

A. M16,C30 级 CGM 灌浆料　　B. M18,C35 级 CGM 灌浆料

C. M20,C40 级 CGM 灌浆料　　D. M22,空腔

二、多项选择题(共 15 小题,每小题 4 分,合计 60 分。错选、多选不得分,漏选得 2 分。)

61. 本工程采用的 PC 构件类型有(　　)。

A. 飘窗板　　B. 楼梯　　C. 叠合板　　D. 剪力墙　　E. 空调板

62. 本工程预制水平构件布置的楼层(结构层号:层顶)有(　　)。

A. 1 层　　B. 2～22 层　　C. 23 层　　D. 屋面　　E. −1 层

63. 装配式混凝土结构湿式连接的方式有(　　)。

A. 焊接连接　　B. 螺栓连接　　C. 套筒灌浆　　D. 后浇混凝土连接　　E. 浆锚搭接

64. 灌浆套筒 GTQ4Z-22 适用的连接钢筋有(　　)

A. Φ22　　B. Φ20　　C. Φ18　　D. Φ25　　E. Φ28

65. 装配式混凝土结构干式连接的方式有(　　)。
A. 焊接连接　B. 螺栓连接　C. 套筒灌浆　D. 后浇混凝土连接　E. 构件搭接
66. 本工程中,2F-DBS-1 构件详图中结合面设置为粗糙面的有(　　)。
A. 顶面　B. 底面　C. 侧面　D. 均为设置　E. 六个面均设置
67. 根据《装配式建筑评价标准》(GB/T 51129—2017),装配式建筑的评价等级划分正确的有(　　)。
A. $P \geqslant 91\%$;AAA 级别装配式　B. $50\% \leqslant P < 60\%$;无级别装配式
C. $60\% \leqslant P \leqslant 75\%$;A 级别装配式　D. $76\% \leqslant P \leqslant 90\%$;AA 级别装配式
E. $P < 50\%$;非装配式
68. 下列有关叠合板说法正确的有(　　)。
A. 板厚大于 180 mm 的叠合板,宜采用混凝土空心板
B. 跨度大于 3 m 的叠合板,宜采用桁架钢筋混凝土叠合板
C. 跨度大于 6 m 的叠合板,宜采用预应力混凝土预制板
D. 当叠合板的预制板采用空心板时,板端空腔应封堵
E. 叠合板的预制板厚度不宜小于 60 mm,后浇混凝土叠合层厚度不应小于 60 mm
69. 粗糙面的制作方法有(　　)。
A. 拉毛　B. 刻花　C. 凿毛
D. 水洗面(缓凝水冲法、露骨料)　E. 键槽
70. 关于本工程,下列说法正确的有(　　)。
A. 楼梯梯段板为预制混凝土构件
B. 叠合楼板布置楼层为 1～23 层(结构层号)
C. 本工程预制楼板采用 PK 叠合板
D. 本工程预制楼板采用桁架钢筋混凝土叠合板
E. 楼梯平台梁、板采用现浇混凝土
71. 关于本工程,下列说法正确的有(　　)。
A. 梯段板支座处为销键连接
B. 梯段板上端支承处为固定铰支座,下端支承处为滑动铰支座
C. 梯段板按简支计算模型考虑
D. 梯段板不参与结构整体抗震计算
E. 梯段板支座与主体连接方式为钢筋锚入刚接式连接
72. 下列关于“1＋X”装配式建筑构件制作与安装职业技能等级证书考核说法正确的有(　　)。
A. “1＋X”装配式建筑构件制作与安装职业技能等级分为三个等级:初级、中级、高级
B. 中级面向建筑相关专业高等职业学校及以上
C. 职业技能考评:科目一(在线机考)、科目二(实操考核)考核成绩实行两年为一个周期的滚动管理办法
D. 科目二(实操考核)考核项目:均为分组考试,单人评分
E. 科目二(实操考核)考核项目:必考项(构件制作)＋三选一(构件吊装、构件灌浆、接缝防水)
73. 下列有关本工程设计依据——《装配整体式混凝土剪力墙结构技术规程》(DB42/T 1044—2015)的说法正确的有(　　)。
A. DB 为地方标准　B. 42 代表湖北省　C. T 表示强制性　D. 2015 表示年份　E. T 表示推荐性
74. 下列 PC 构件生产设备中属于养护系统的有(　　)。
A. 预养护窑　B. 布料机　C. 养护窑　D. 码垛机　E. 摆渡车
75. 根据《装配式建筑评价标准》(GB/T 51129—2017),可进行装配式建筑等级评价的条件有(　　)。
A. 装配率不低于 50%
B. 主体结构部分的评价分值不低于 20 分
C. 围护墙和内隔墙部分的评价分值不低于 10 分
D. 采用全装修
E. 主体结构竖向构件中预制部品部件的应用比例不低于 45%

“1+X”建筑工程识图职业技能等级证书考核
“1+X”装配式建筑构件制作与安装职业技能等级证书考核(科目一)
识图卷二答题卡(装配式混凝土结构)(满分 180 分)

※※※

答题须知:

1. 请依据提供的《黄冈城投玲珑家园 8#楼深化设计图》作答,深化设计图纸包含 17 张。

2. 以下题目包含单项选择题和多项选择题。

一、单项选择题(共 60 小题,每小题 2 分,合计 120 分)

1	2	3	4	5	6	7	8	9	10
11	12	13	14	15	16	17	18	19	20
21	22	23	24	25	26	27	28	29	30
31	32	33	34	35	36	37	38	39	40
41	42	43	44	45	46	47	48	49	50
51	52	53	54	55	56	57	58	59	60

二、多项选择题(共 15 小题,每小题 4 分,合计 60 分。错选、多选不得分,漏选得 2 分。)

61	62	63	64	65
66	67	68	69	70
71	72	73	74	75

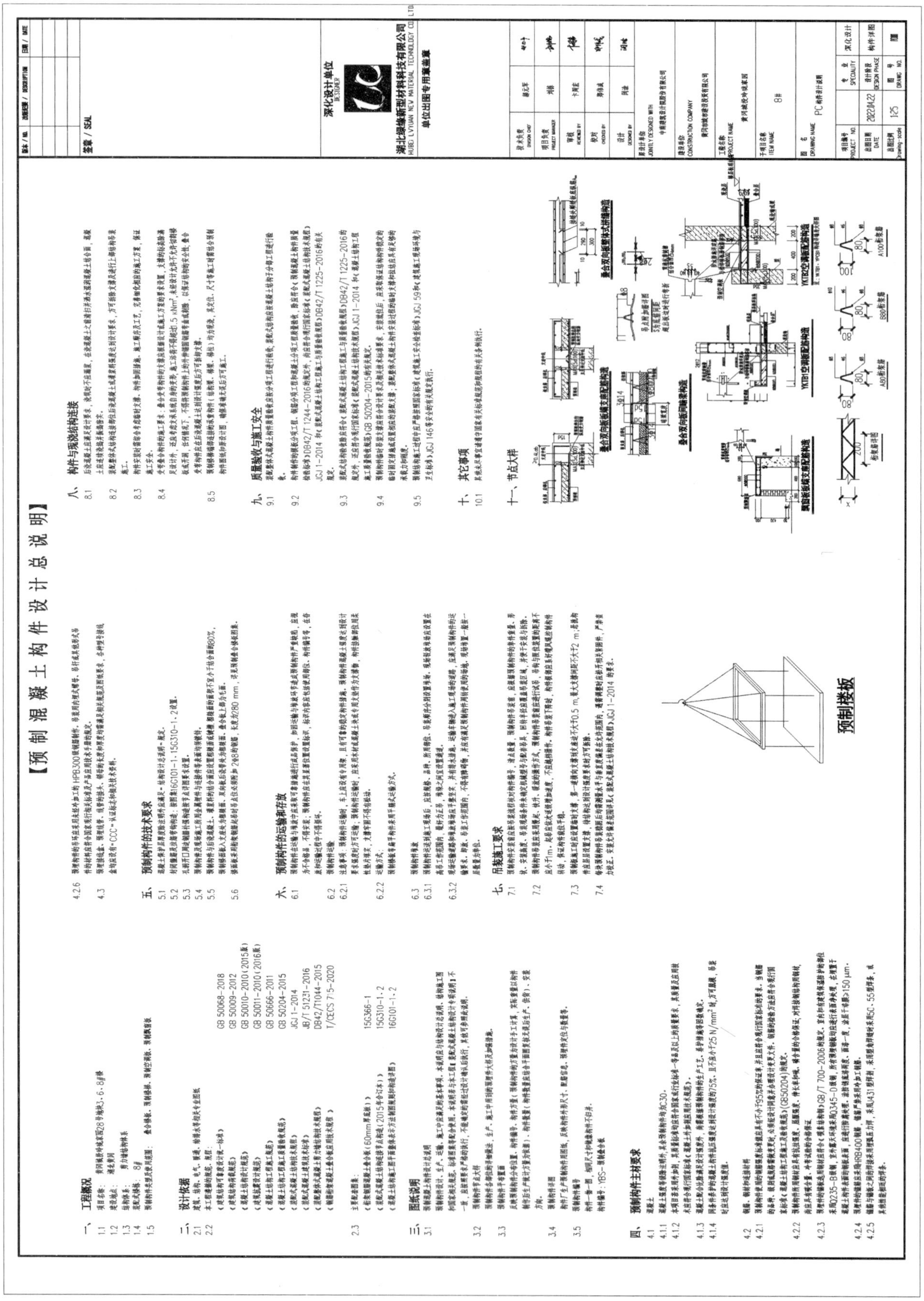
【预制混凝土构件设计总说明】
预制楼板
湖北绿缘新型材料科技有限公司
深化设计单位

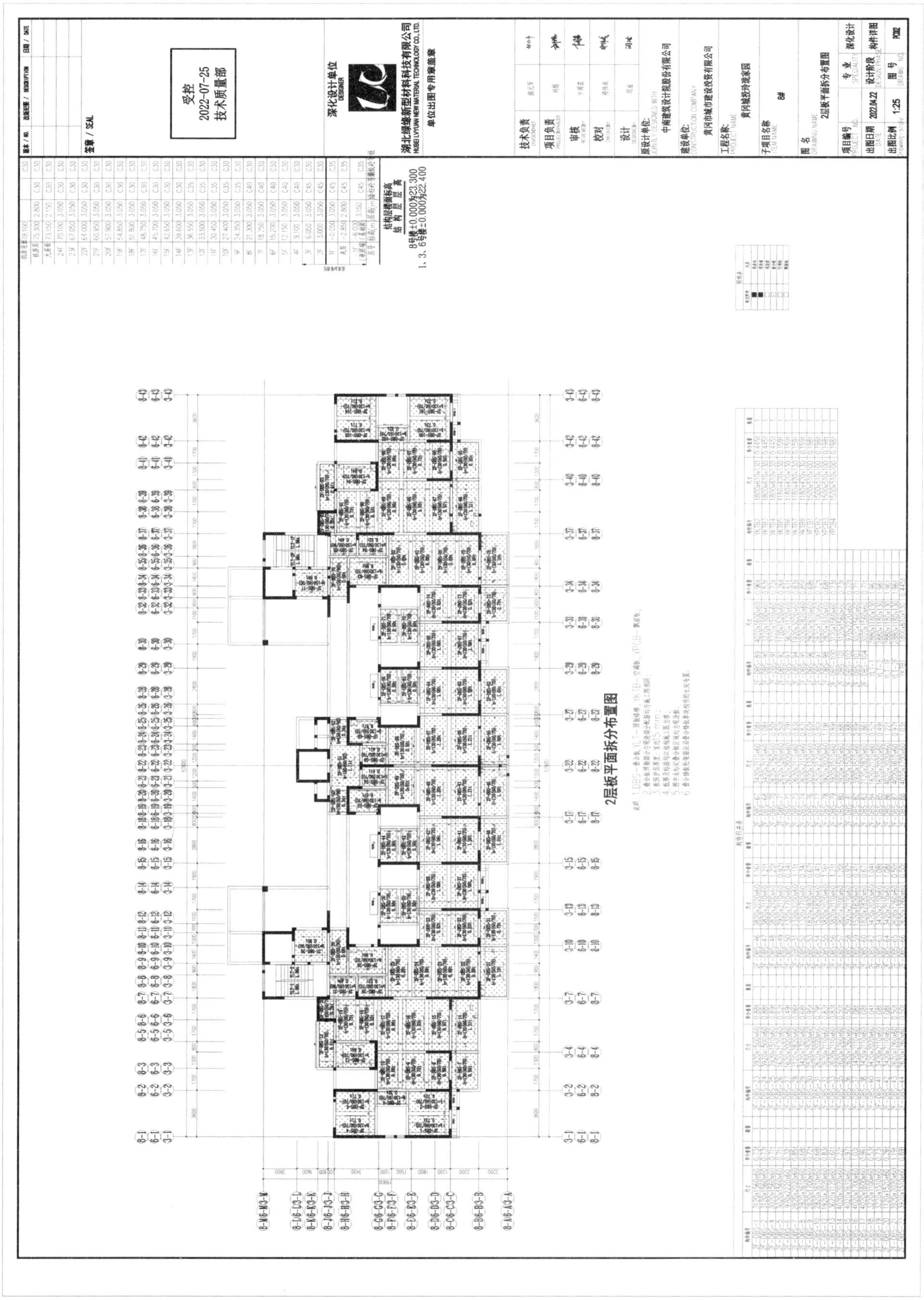
受控
2022-07-25
技术质量部
深化设计单位
湖北绿缘新型材料科技有限公司
单位出图专用章
2层板平面拆分布置图

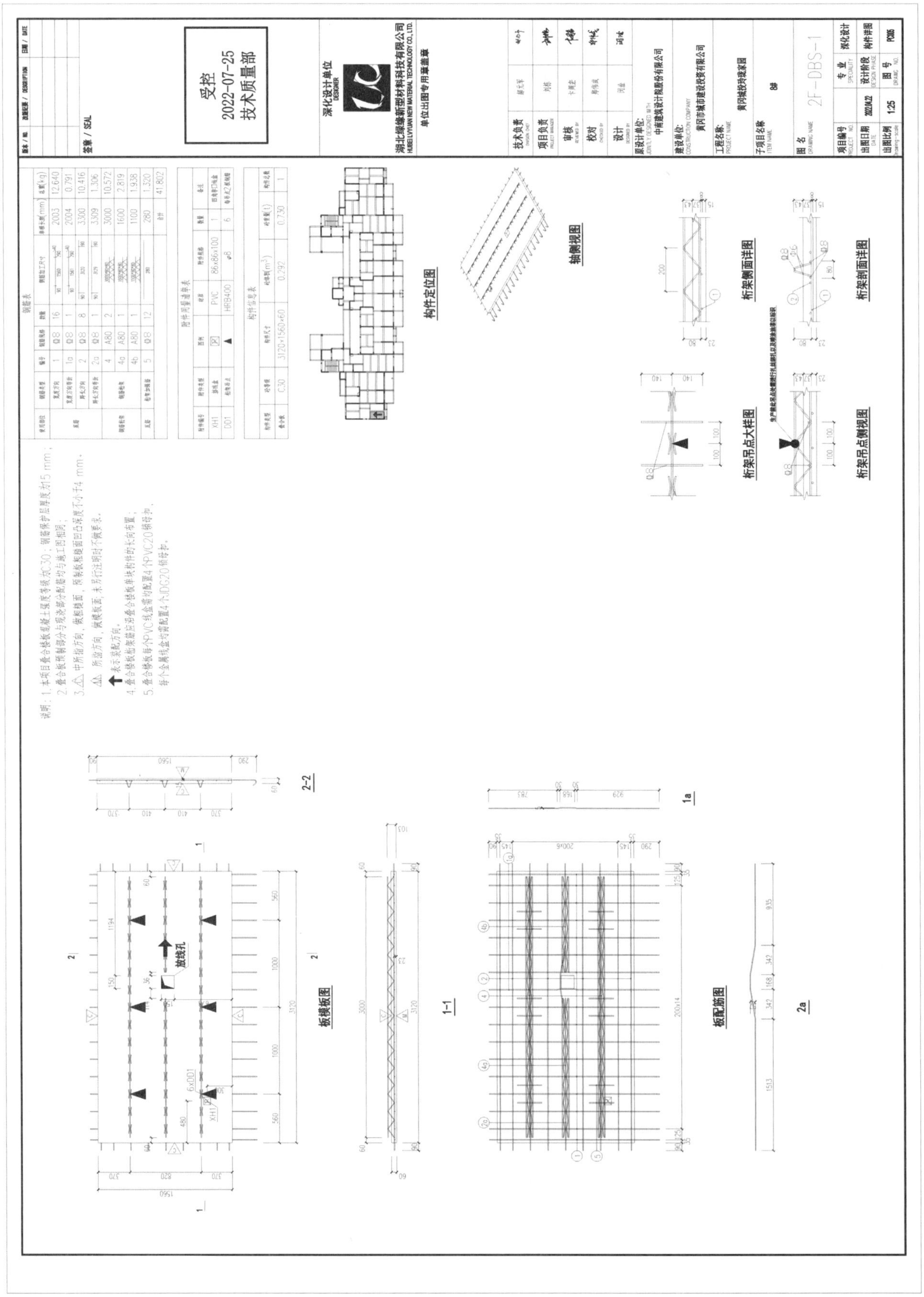
说明：1.本项目叠合楼板混凝土强度等级为C30；钢筋保护层厚度为15 mm；
2.叠合板预制部分与现浇部分配筋均与施工图相同；
3.中所指方向，做粗糙面，预制板粗糙面凹凸深度不小于4 mm。
所指方向，做模板面，未另行注明时不做要求。
表示装配方向。
4.叠合楼板桁架筋应沿叠合楼板单块构件的长向布置；
5.叠合楼板每个PVC线盒需均配置4个PVC20锁母扣，每个金属线盒均需配置4个JDG20锁母扣。
钢筋表
附件用量清单表
构件信息表
受控
2022-07-25
技术质量部
板模板图
放线孔
2-2
1-1
板配筋图
1a
2a
构件定位图
轴侧视图
桁架吊点大样图
桁架侧面详图
桁架吊点侧视图
桁架剖面详图
深化设计单位
湖北绿缘新型材料科技有限公司
HUBEI LVYUAN NEW MATERIAL TECHNOLOGY CO., LTD.
单位出图专用章盖章
中南建筑设计院股份有限公司
黄冈市城市建设投资有限公司
黄冈城投玲珑家园
8#
2F-DBS-1
2022.04.22
1:25

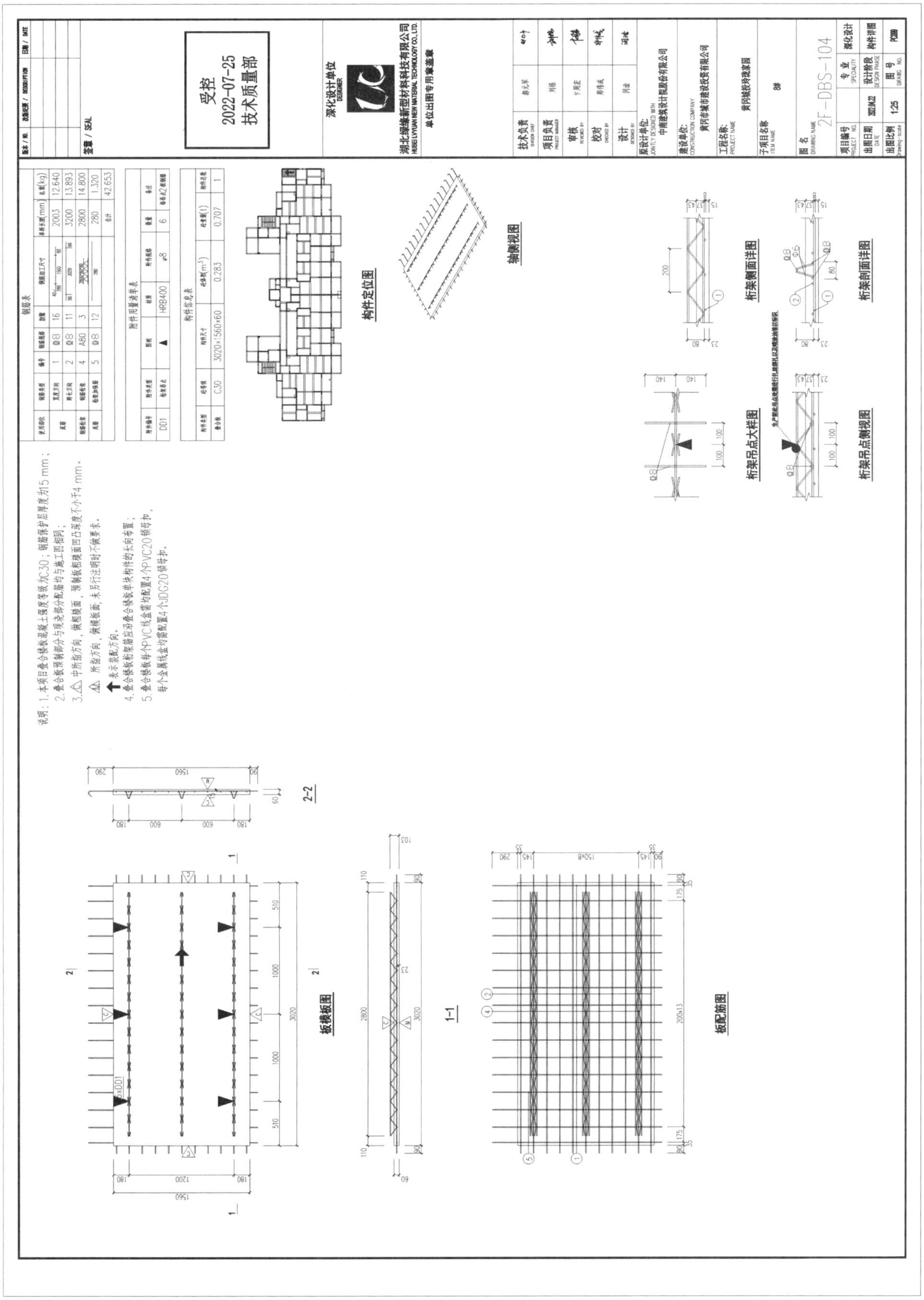
受控
2022-07-25
技术质量部
深化设计单位
湖北瑞绿新型材料科技有限公司
单位出图专用章盖章
说明：1.本项目叠合楼板混凝土强度等级为C30；钢筋保护层厚度为15 mm；
2.叠合板预制部分与现浇部分配筋均与施工图相同。
3.中所指方向，做粗糙面，预制板粗糙面凹凸深度不小于4 mm。
所指方向，做模板面，未另注明时不做要求。
表示装配方向。
4.叠合楼板桁架筋应沿叠合楼板单块构件的长向布置；
5.叠合楼板每个PVC线盒需均配置4个PVC20锁母扣，每个金属线盒均需配置4个JDG20锁母扣。
钢筋表
附件用量清单表
构件信息表
构件定位图
轴侧视图
桁架吊点大样图
桁架吊点侧视图
桁架侧面详图
桁架剖面详图
板模板图
板配筋图
1-1
2-2
2F-DBS-104
1:25

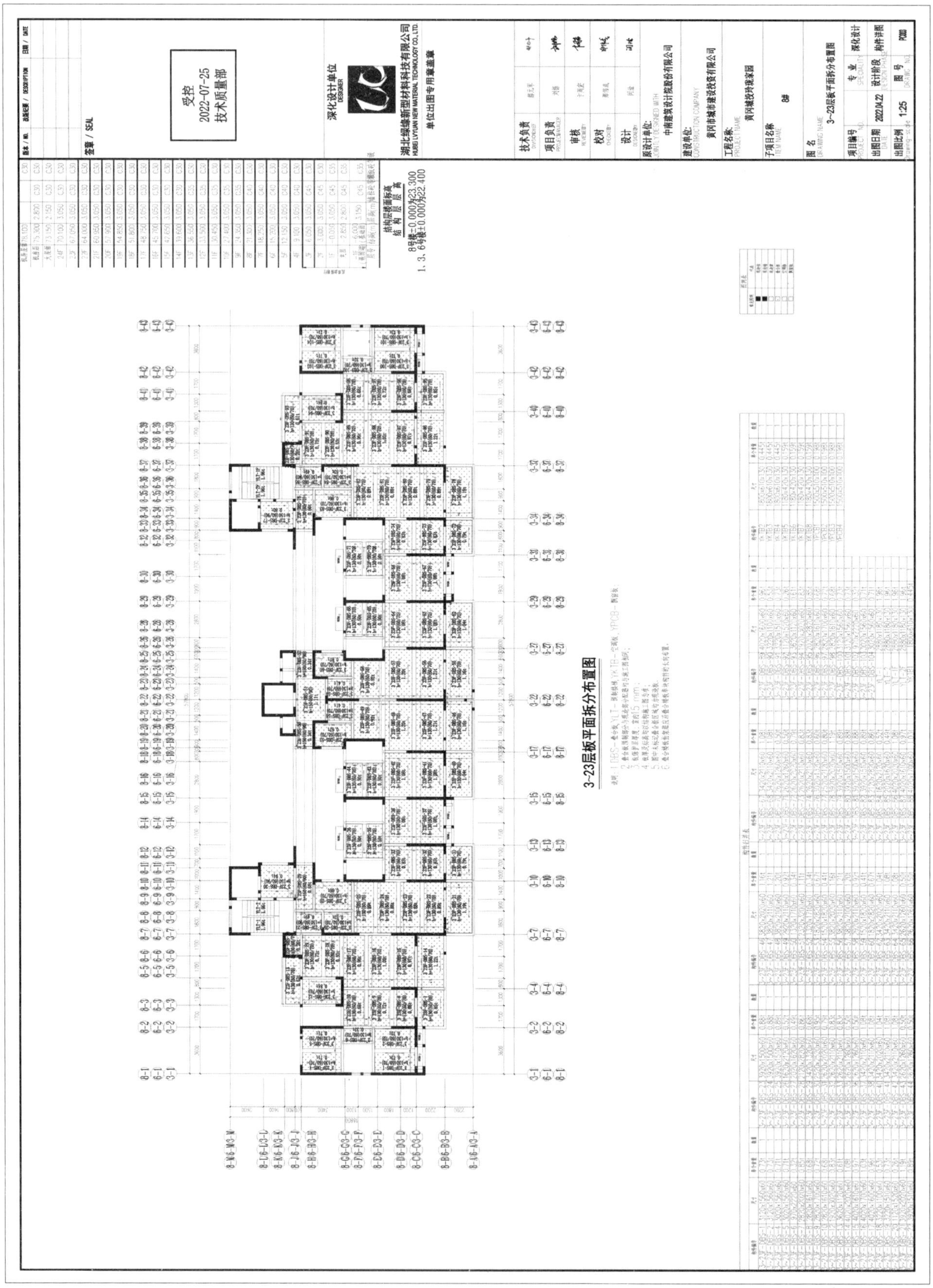
受控
2022-07-25
技术质量部
深化设计单位
湖北绿缘新型材料科技有限公司
单位出图专用章盖章
3-23层板平面拆分布置图
中南建筑设计院股份有限公司
黄冈市城市建设投资有限公司
8#
深化设计
构件详图
2022.04.22
1:25

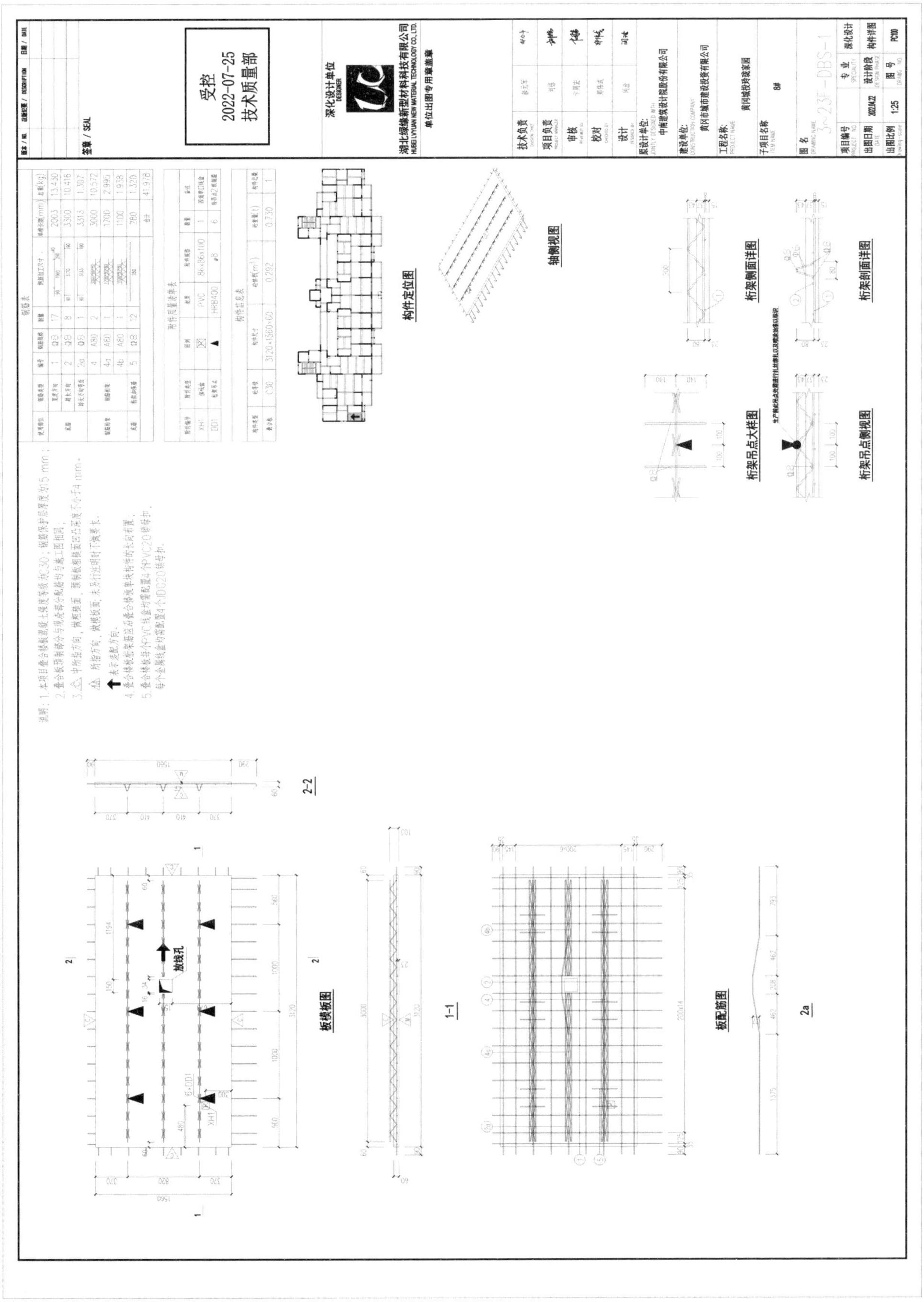
说明：1.本项目叠合楼板混凝土强度等级为C30；钢筋保护层厚度为15 mm；
2.叠合板预制部分与现浇部分配筋均与施工图相同；
3.C 中所指方向，做粗糙面，预制板粗糙面凹凸深度不小于4 mm。
M 所指方向，做模板面，未另行注明时不做要求。
表示装配方向。
4.叠合楼板桁架筋应沿叠合楼板单块构件的长向布置；
5.叠合楼板每个PVC线盒均需配置4个PVC20锁母扣，
每个金属线盒均需配置4个JDG20锁母扣。
板模板图
放线孔
2-2
1-1
板配筋图
2a
钢筋表
附件用量清单表
构件信息表
构件定位图
轴侧视图
桁架吊点大样图
桁架侧面详图
桁架吊点侧视图
桁架剖面详图
受控
2022-07-25
技术质量部
深化设计单位
湖北绿缘新型材料科技有限公司
单位出图专用章盖章
技术负责
项目负责
审核
校对
设计
原设计单位:
中南建筑设计院股份有限公司
建设单位:
黄冈市城市建设投资有限公司
工程名称:
黄冈城投玲珑家园
子项目名称
8#
图名
3~23F-DBS-1
项目编号
专业
深化设计
出图日期
2022.04.22
设计阶段
构件详图
出图比例
1:25
图号
PC100

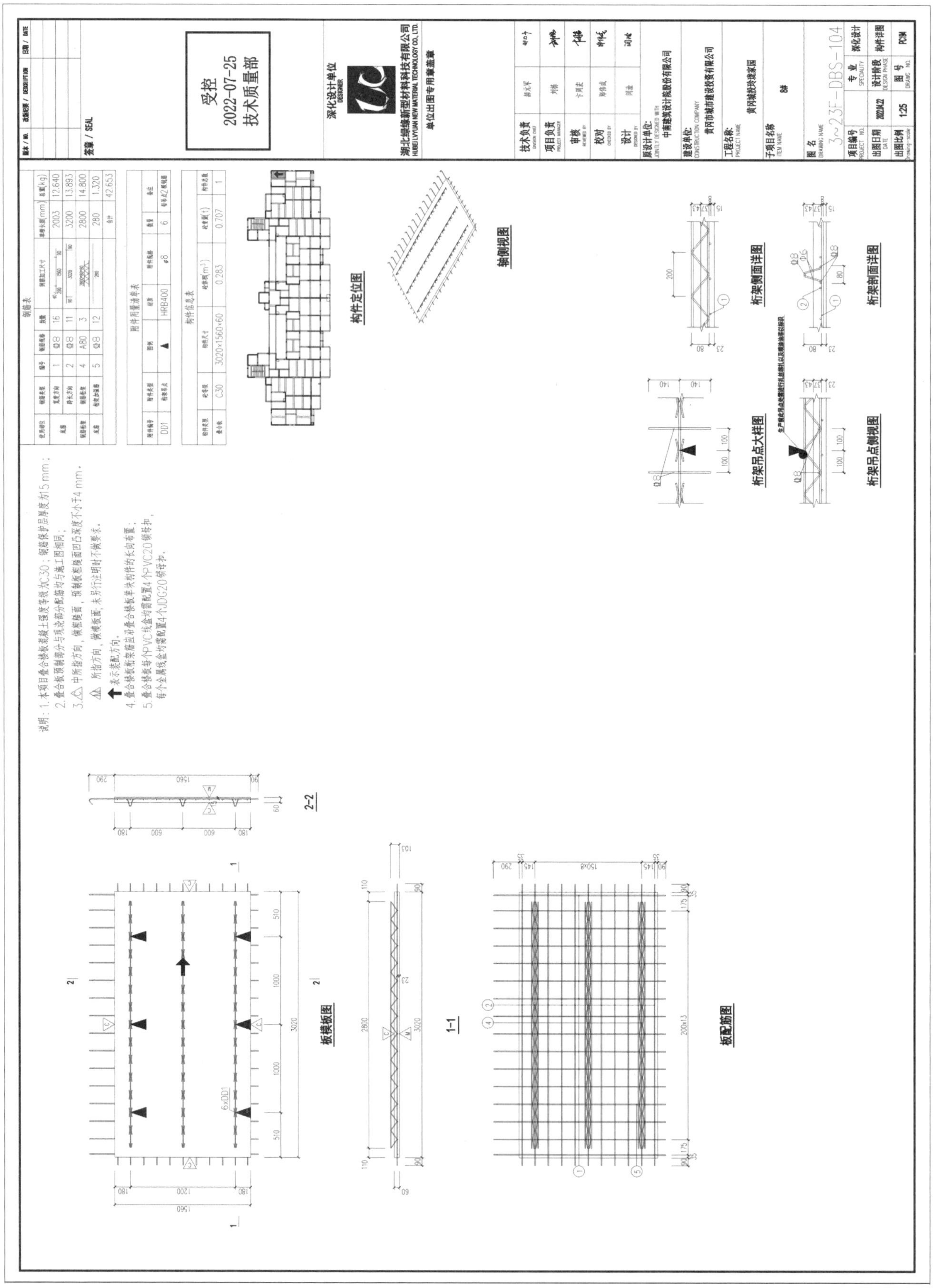
受控
2022-07-25
技术质量部
湖北绿缘新型材料科技有限公司
构件定位图
轴侧视图
桁架侧面详图
桁架剖面详图
桁架吊点大样图
桁架吊点侧视图
板模板图
1-1
2-2
板配筋图

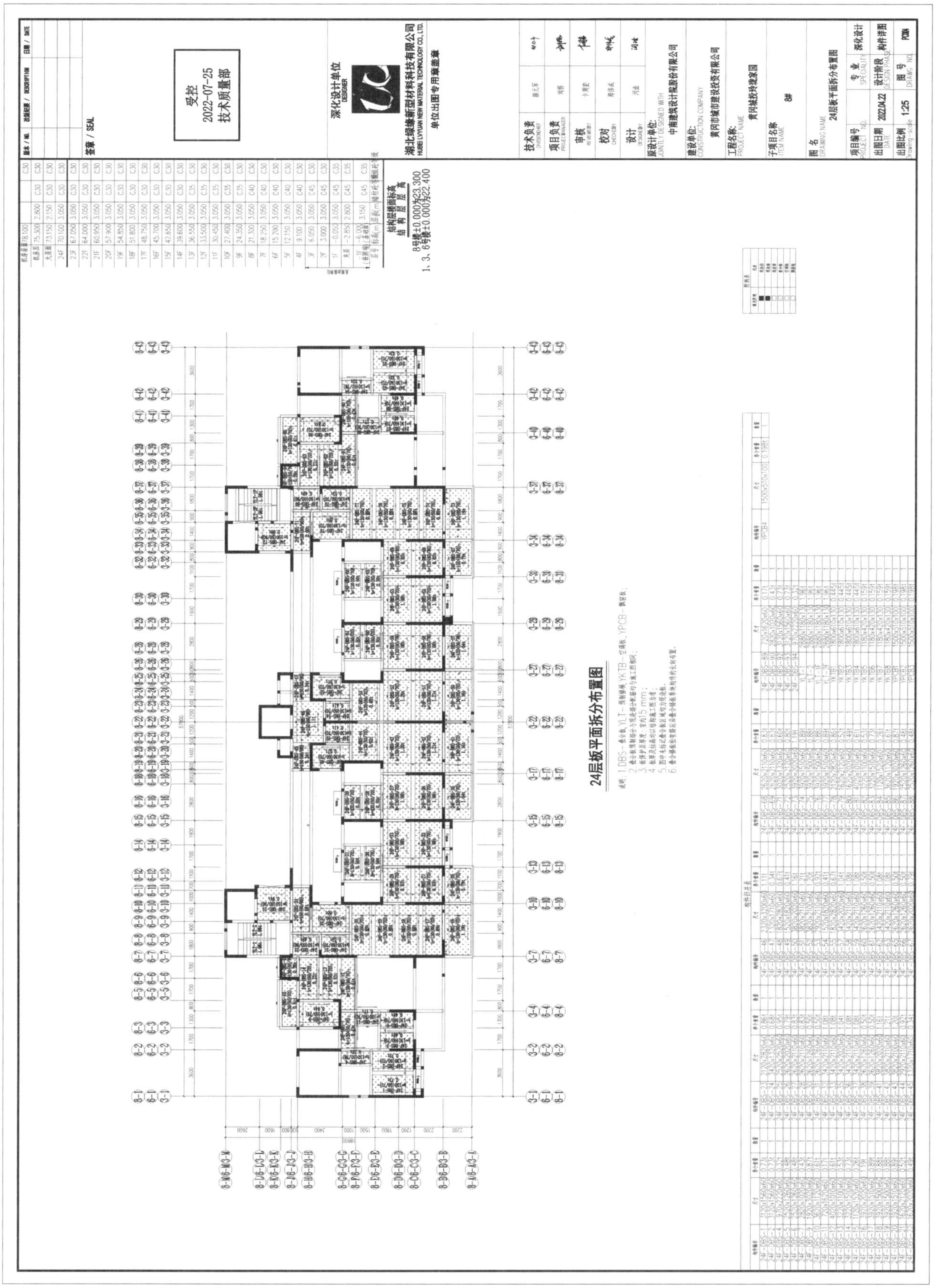
24层板平面拆分布置图

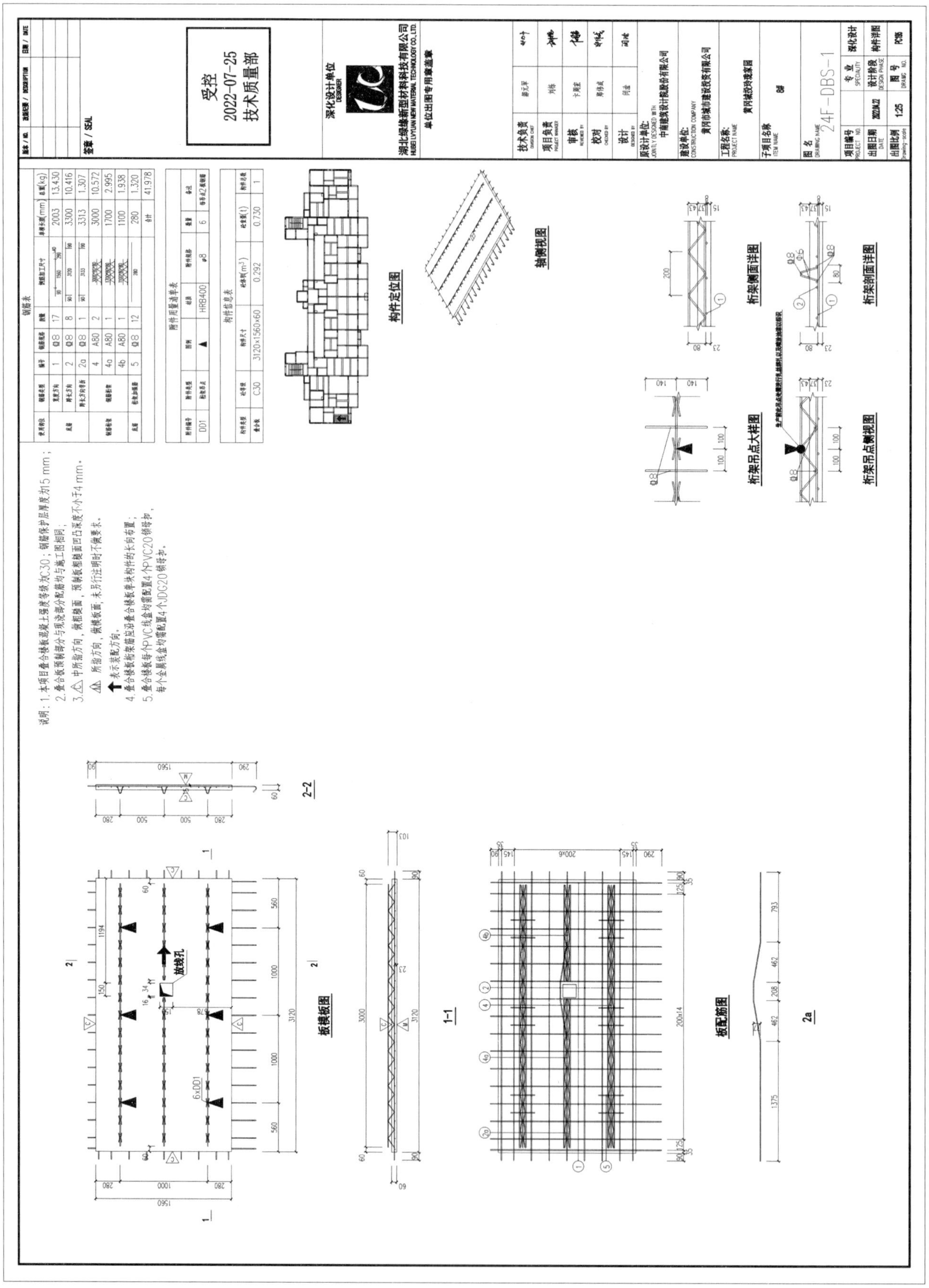
说明：1.本项目叠合楼板混凝土强度等级为C30；钢筋保护层厚度为15 mm；
2.叠合板预制部分与现浇部分配筋均与施工图相同；
3. 中所指方向，做粗糙面，预制板粗糙面凹凸深度不小于4 mm。
所指方向，做模板面；未另行注明时不做要求。
表示装配方向。
4.叠合楼板桁架筋应沿叠合楼板单块构件的长向布置；
5.叠合楼板每个PVC线盒均需配置4个PVC20锁母扣，
每个金属线盒均需配置4个JDG20锁母扣。
板模板图
放线孔
6xDD1
2-2
1-1
板配筋图
2a
钢筋表
附件用量清单表
构件信息表
构件定位图
轴侧视图
桁架吊点大样图
桁架侧面详图
桁架吊点侧视图
桁架剖面详图
受控
2022-07-25
技术质量部
签章 / SEAL
深化设计单位
DESIGNER
湖北绿缘新型材料科技有限公司
HUBEI LVYUAN NEW MATERIAL TECHNOLOGY CO., LTD.
单位出图专用章盖章
技术负责
项目负责
审核
校对
设计
原设计单位:
中南建筑设计院股份有限公司
建设单位:
黄冈市城市建设投资有限公司
工程名称:
黄冈城投玲珑家园
子项目名称
8#
图名
24F-DBS-1
项目编号
专业
深化设计
出图日期
2022.04.22
设计阶段
构件详图
出图比例
1:25
图号
PC185

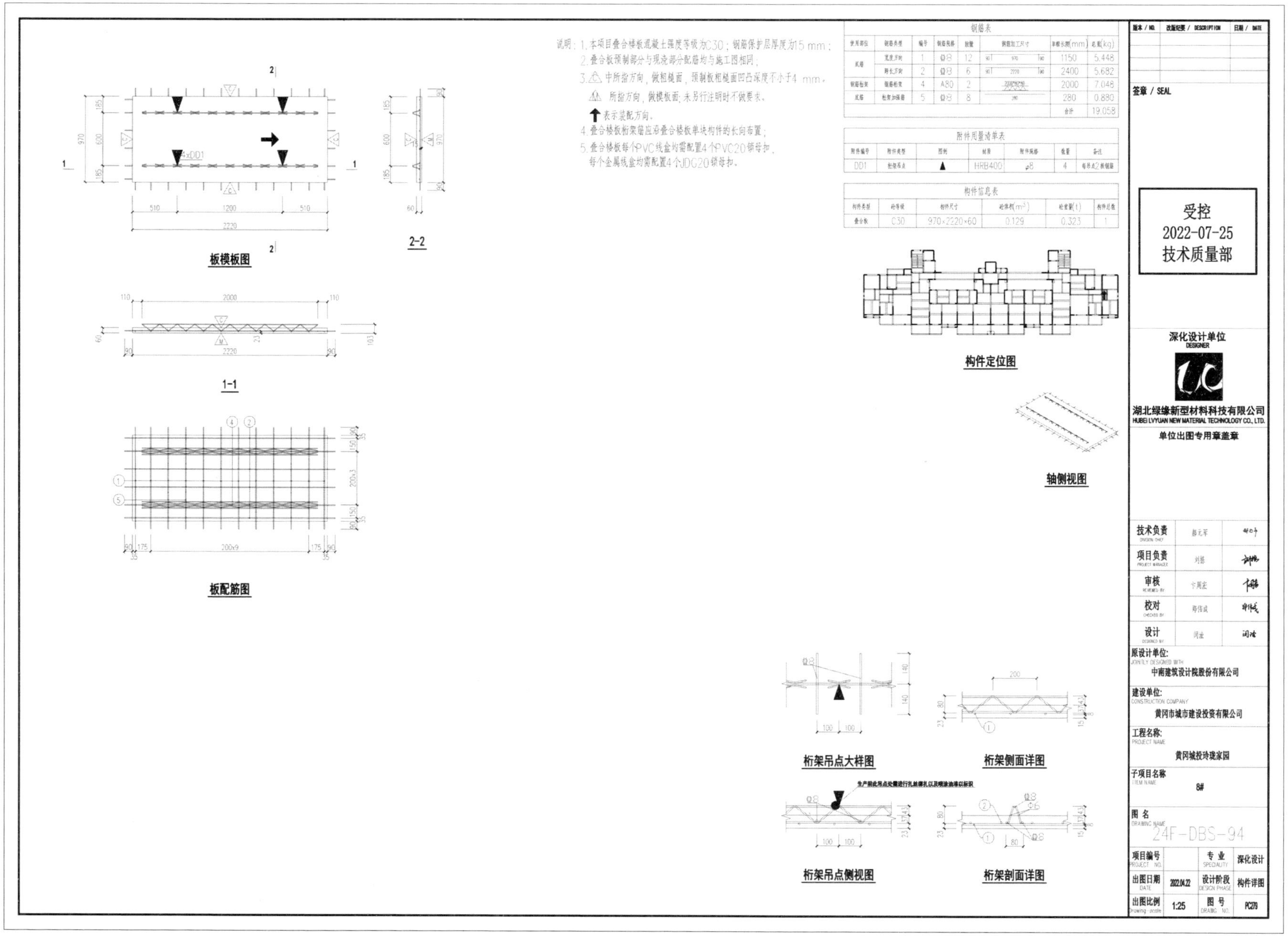

钢筋表

使用部位	钢筋类型	编号	钢筋规格	数量	钢筋加工尺寸	单根长度(mm)	总重(kg)
底筋	宽度方向	1	Φ8	12	90 970 90	1150	5.448
	跨长方向	2	Φ8	6	90 2220 90	2400	5.682
钢筋桁架	钢筋桁架	4	A80	2		2000	7.048
底筋	桁架加强筋	5	Φ8	8	280	280	0.880
						合计	19.058

附件用量清单表

附件编号	附件类型	图例	材质	附件规格	数量	备注
DD1	桁架吊点	▲	HRB400	φ8	4	每吊点2根钢筋

构件信息表

构件类型	砼等级	构件尺寸	砼体积(m^3)	砼重量(t)	构件总数
叠合板	C30	970×2220×60	0.129	0.323	1

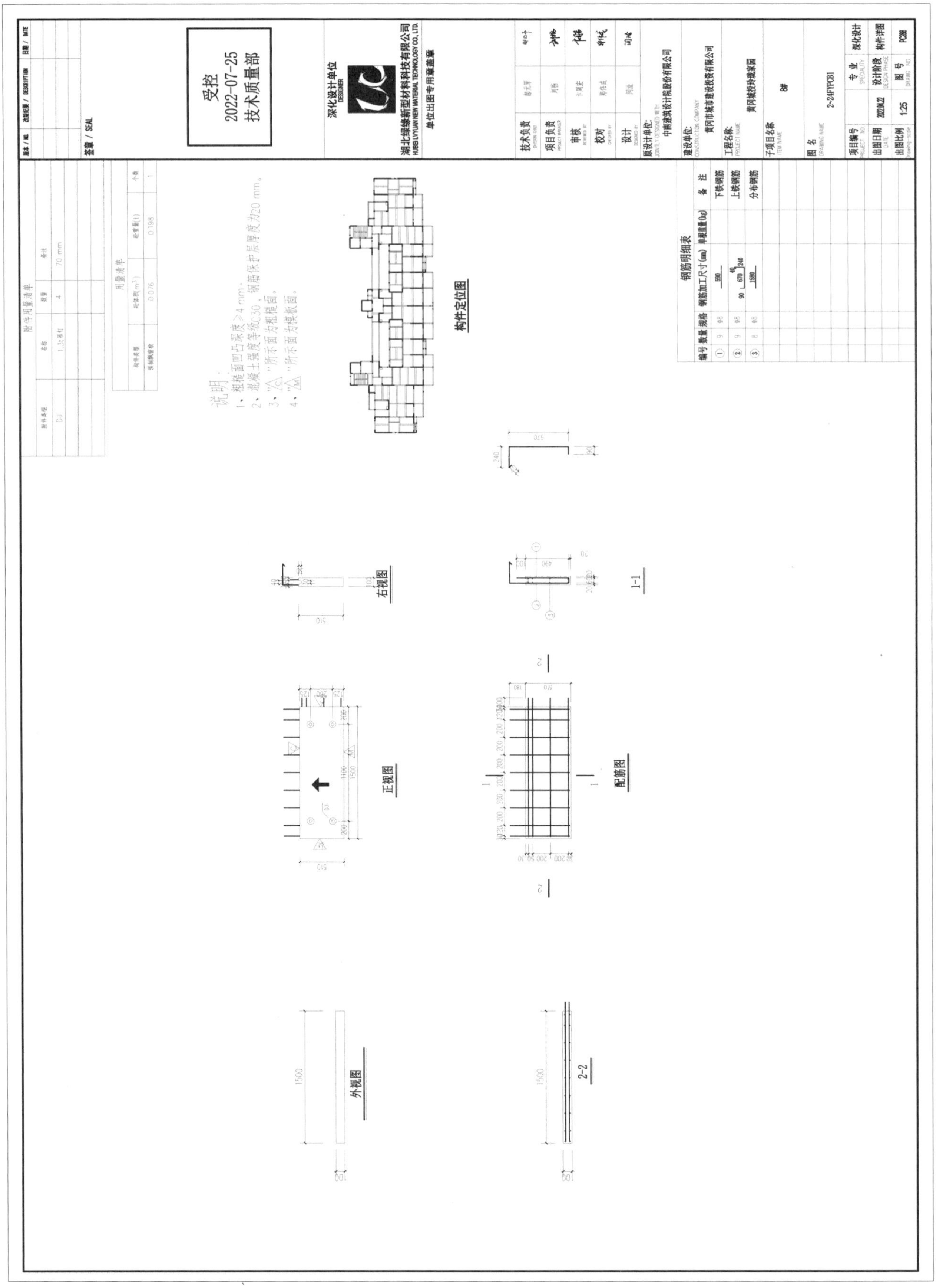
受控
2022-07-25
技术质量部
湖北绿缘新型材料科技有限公司
构件定位图
钢筋明细表
正视图
右视图
配筋图
外视图
1-1
2-2

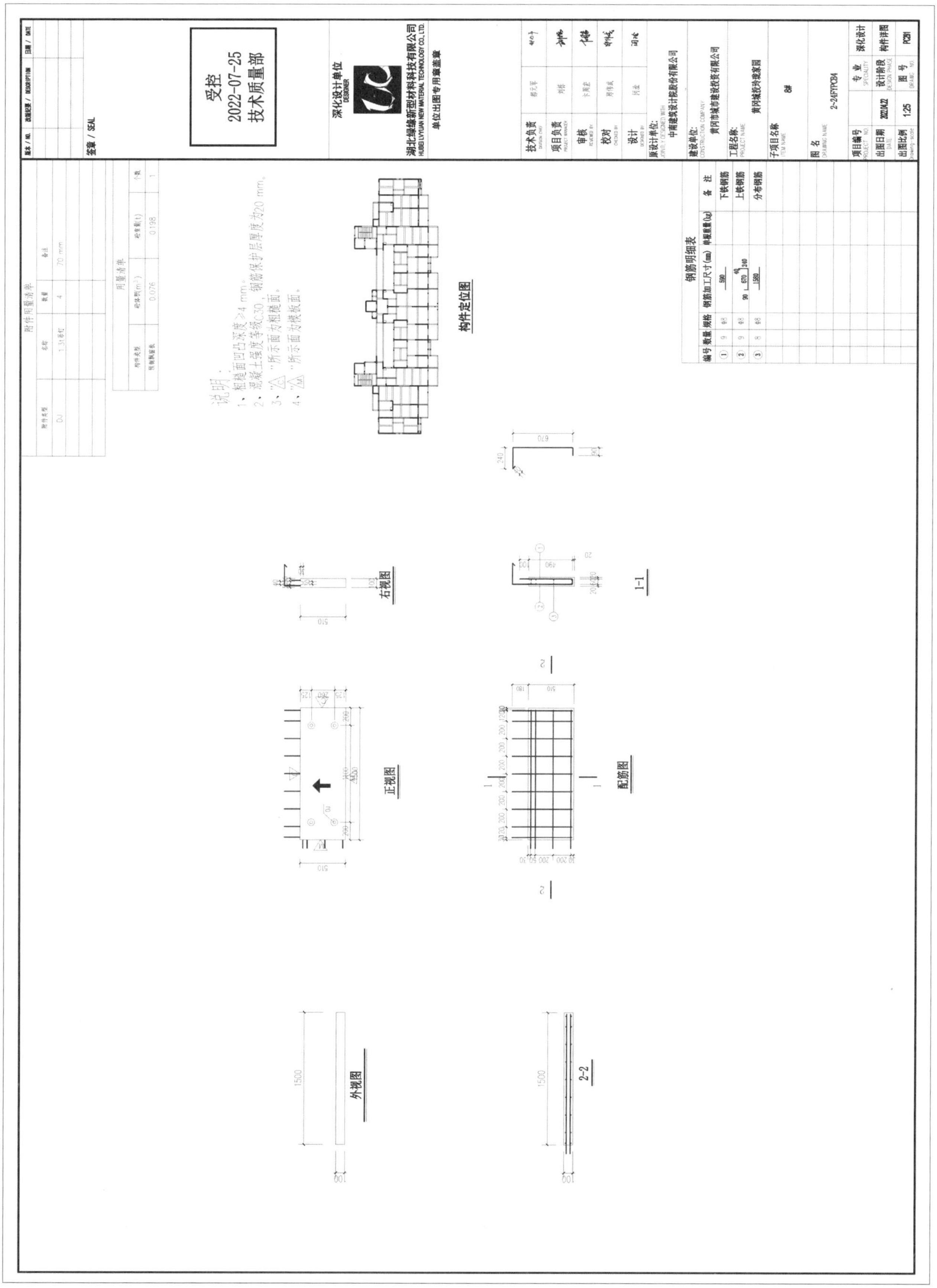
受控
2022-07-25
技术质量部
深化设计单位
湖北绿缘新型材料科技有限公司
单位出图专用章
说明：
1、粗糙面凹凸深度≥4 mm。
2、混凝土强度等级C30，钢筋保护层厚度为20 mm。
3、所示面为粗糙面。
4、所示面为模板面。
构件定位图
正视图
右视图
配筋图
1-1
外视图
2-2
钢筋明细表
下铁钢筋
上铁钢筋
分布钢筋
中南建筑设计院股份有限公司
黄冈市城市建设投资有限公司
黄冈城投玲珑家园
2-24FYPCB4
深化设计
构件详图
1:25

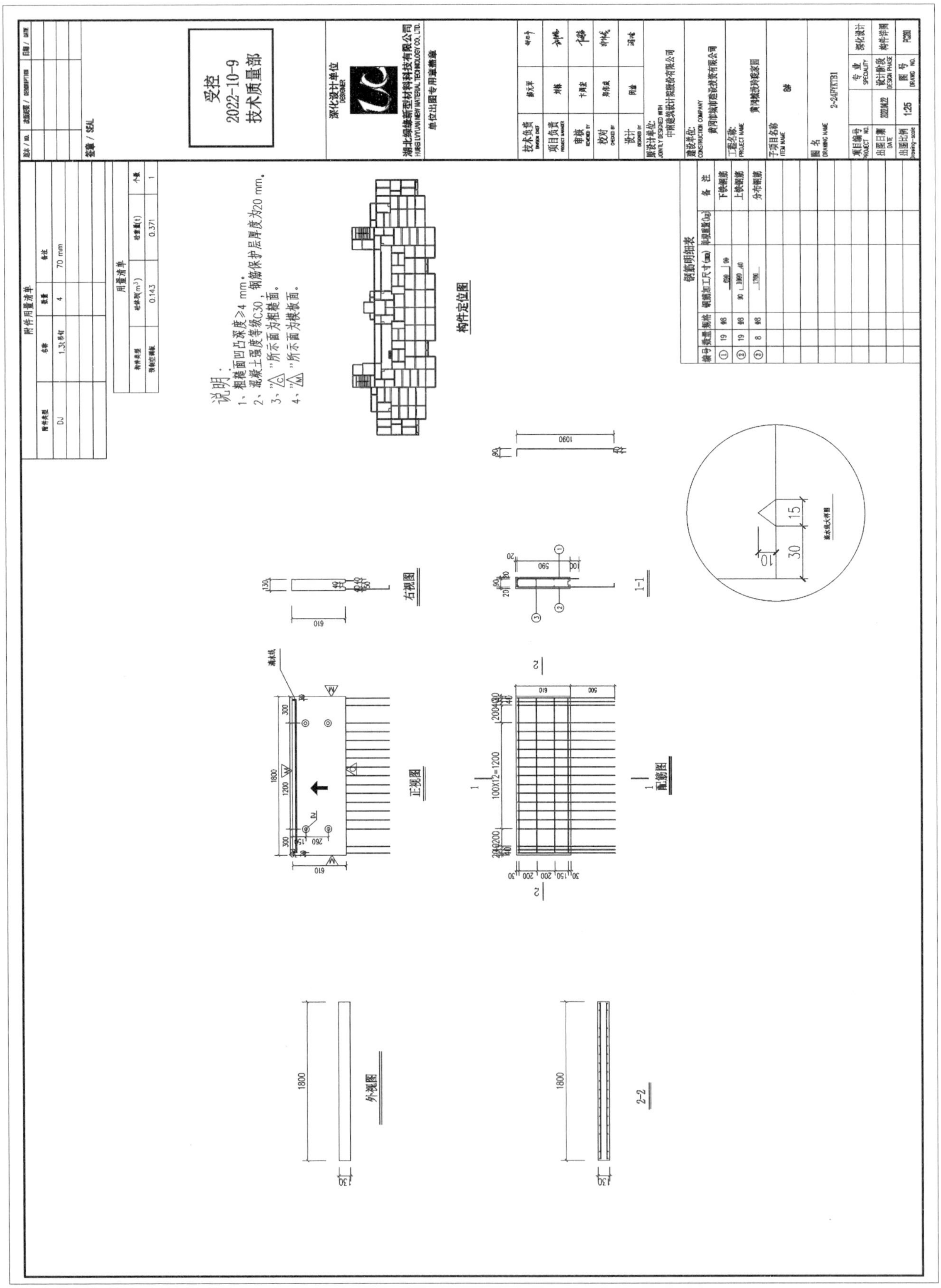
受控
2022-10-9
技术质量部
说明：
1、粗糙面凹凸深度≥4 mm。
2、混凝土强度等级C30，钢筋保护层厚度为20 mm。
3、"C"所示面为粗糙面。
4、"M"所示面为模板面。
构件定位图
钢筋明细表
正视图
右视图
配筋图
1-1
外视图
2-2
1800
610
1090

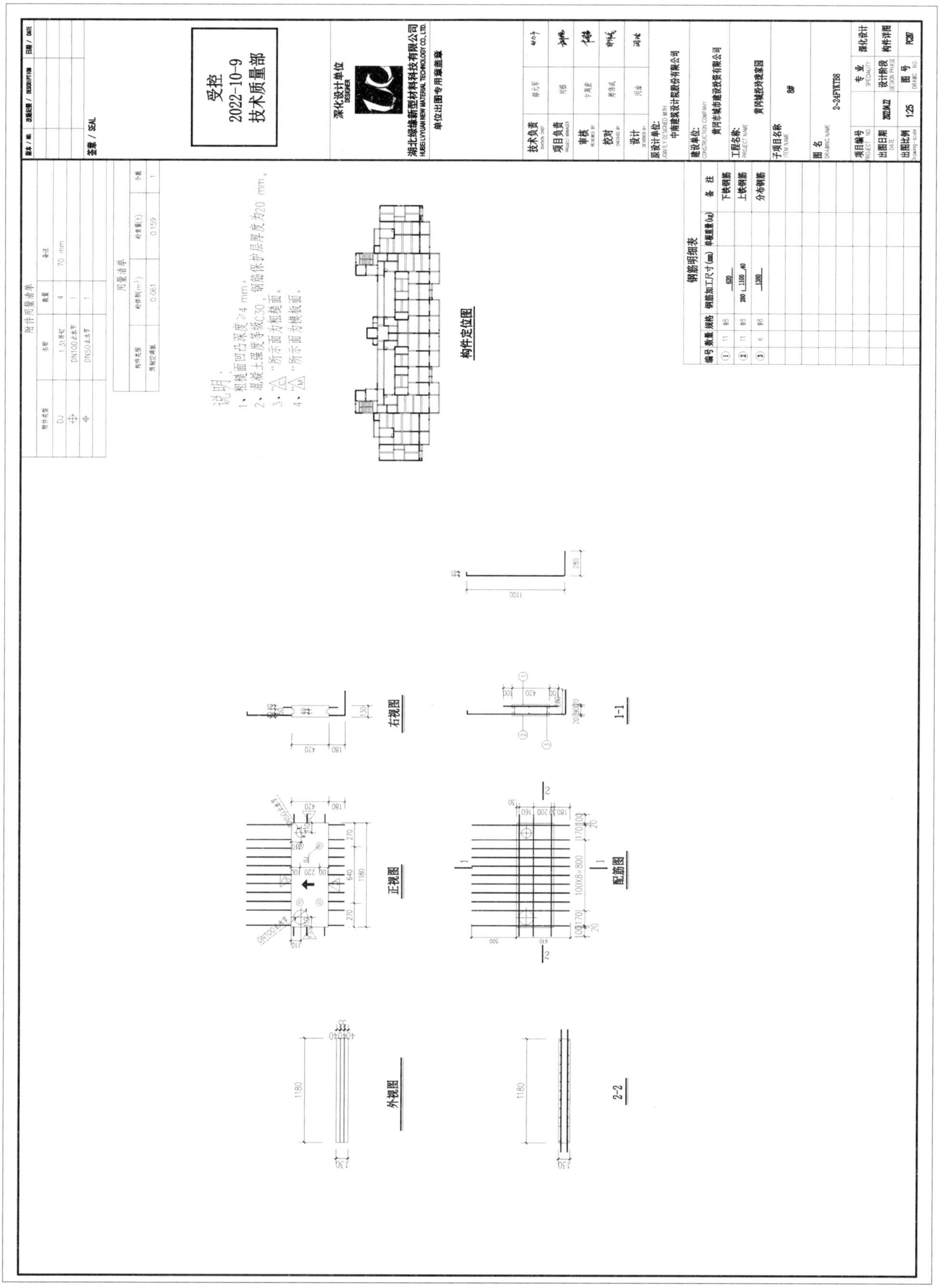
受控
2022-10-9
技术质量部
深化设计单位
湖北绿缘新型材料科技有限公司
HUBEI LVYUAN NEW MATERIAL TECHNOLOGY CO., LTD.
单位出图专用章盖章
技术负责
项目负责
审核
校对
设计
联合设计单位:
中南建筑设计院股份有限公司
建设单位:
黄冈市城市建设投资有限公司
工程名称:
黄冈城投玲珑家园
子项目名称
8#
图名
2-24FYKTB8
项目编号
出图日期
2022.04.22
出图比例
1:25
专业
深化设计
设计阶段
构件详图
图号
PC207
签章 / SEAL
附件用量清单
附件类型 名称 数量 备注
DJ 1.3t吊钉 4 70 mm
DN100止水节 1
DN50止水节 1
用量清单
构件类型 砼体积(m³) 砼重量(t) 个数
预制空调板 0.061 0.159 1
说明：
1、粗糙面凹凸深度≥4 mm。
2、混凝土强度等级C30，钢筋保护层厚度为20 mm。
3、"C"所示面为粗糙面。
4、"M"所示面为模板面。
构件定位图
钢筋明细表
编号 数量 规格 钢筋加工尺寸(mm) 单根重量(kg) 备注
① 11 Φ8 620 下铁钢筋
② 11 Φ8 280 1100 40 上铁钢筋
③ 6 Φ8 1380 分布钢筋
右视图
正视图
外视图
1-1
配筋图
2-2
DN100止水节
100×8=800
1180

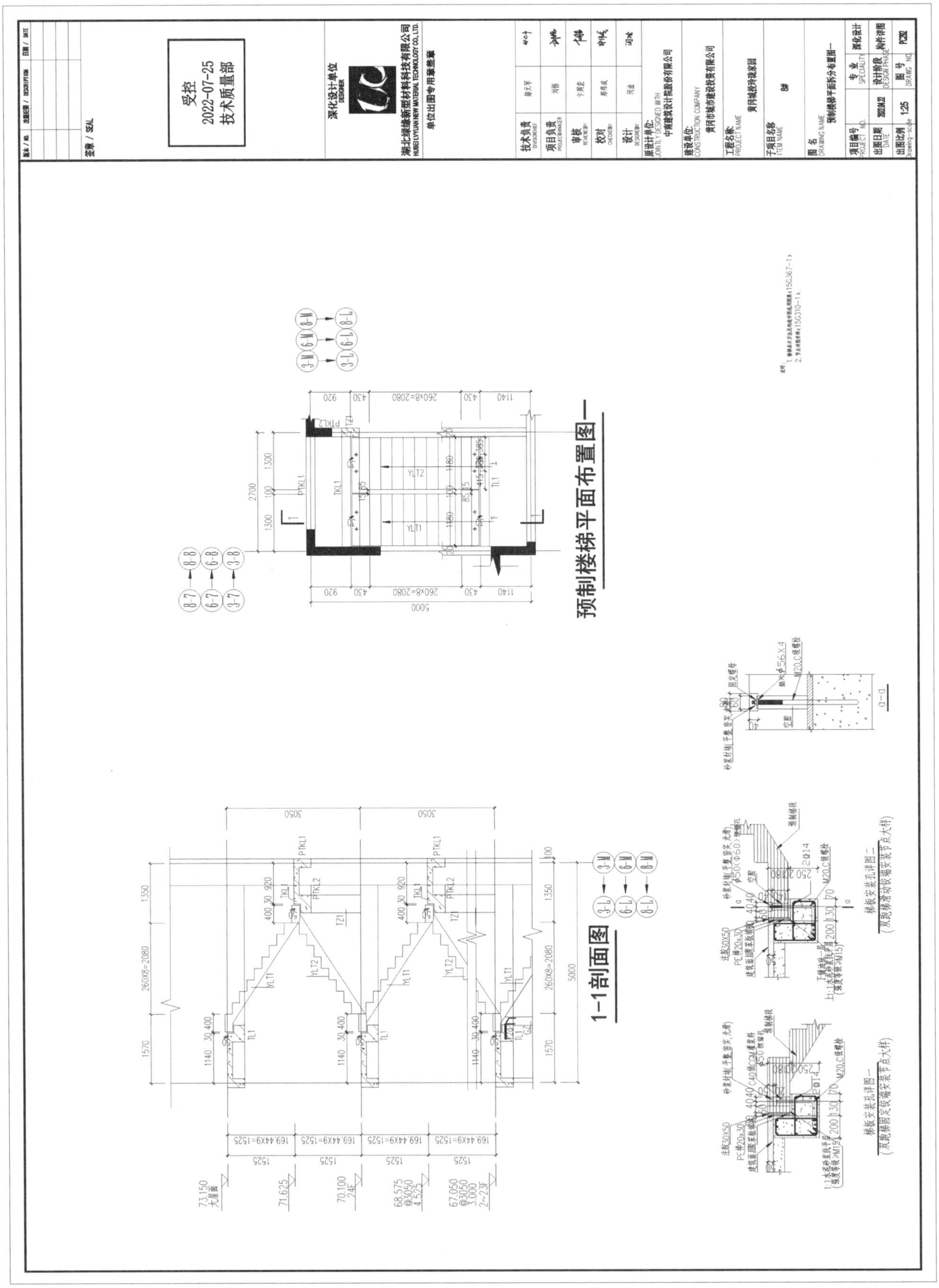
受控
2022-07-25
技术质量部
预制楼梯平面布置图一
1-1剖面图

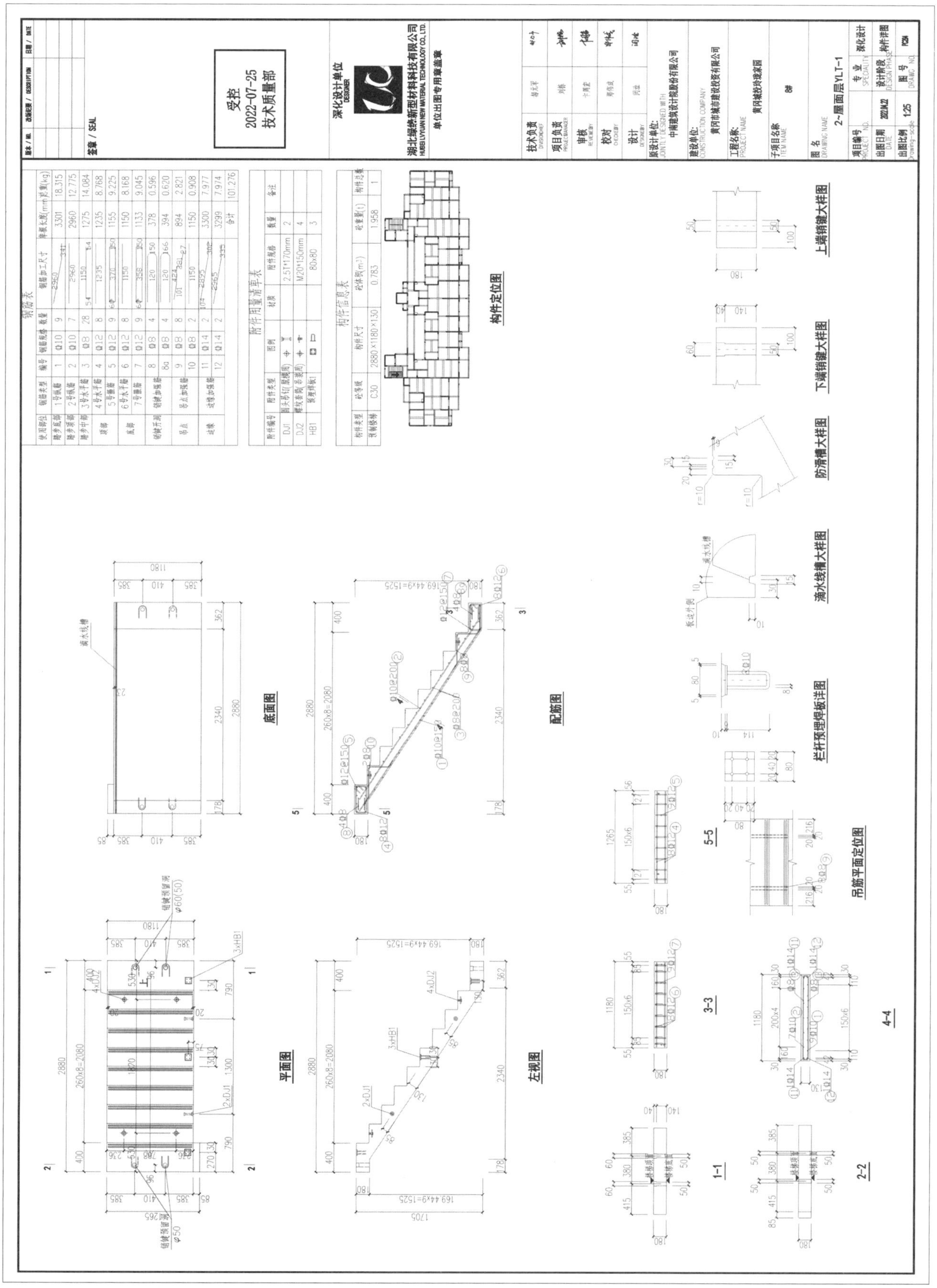

受控
2022-07-25
技术质量部
深化设计单位
DESIGNER
单位出图专用章盖章
钢筋表
附件用量清单表
构件信息表
构件定位图
上端销键大样图
下端销键大样图
防滑槽大样图
滴水线槽大样图
栏杆预埋焊板详图
吊筋平面定位图
平面图
左视图
底面图
配筋图
1-1
2-2
3-3
4-4
5-5
2~屋面层YLT-1

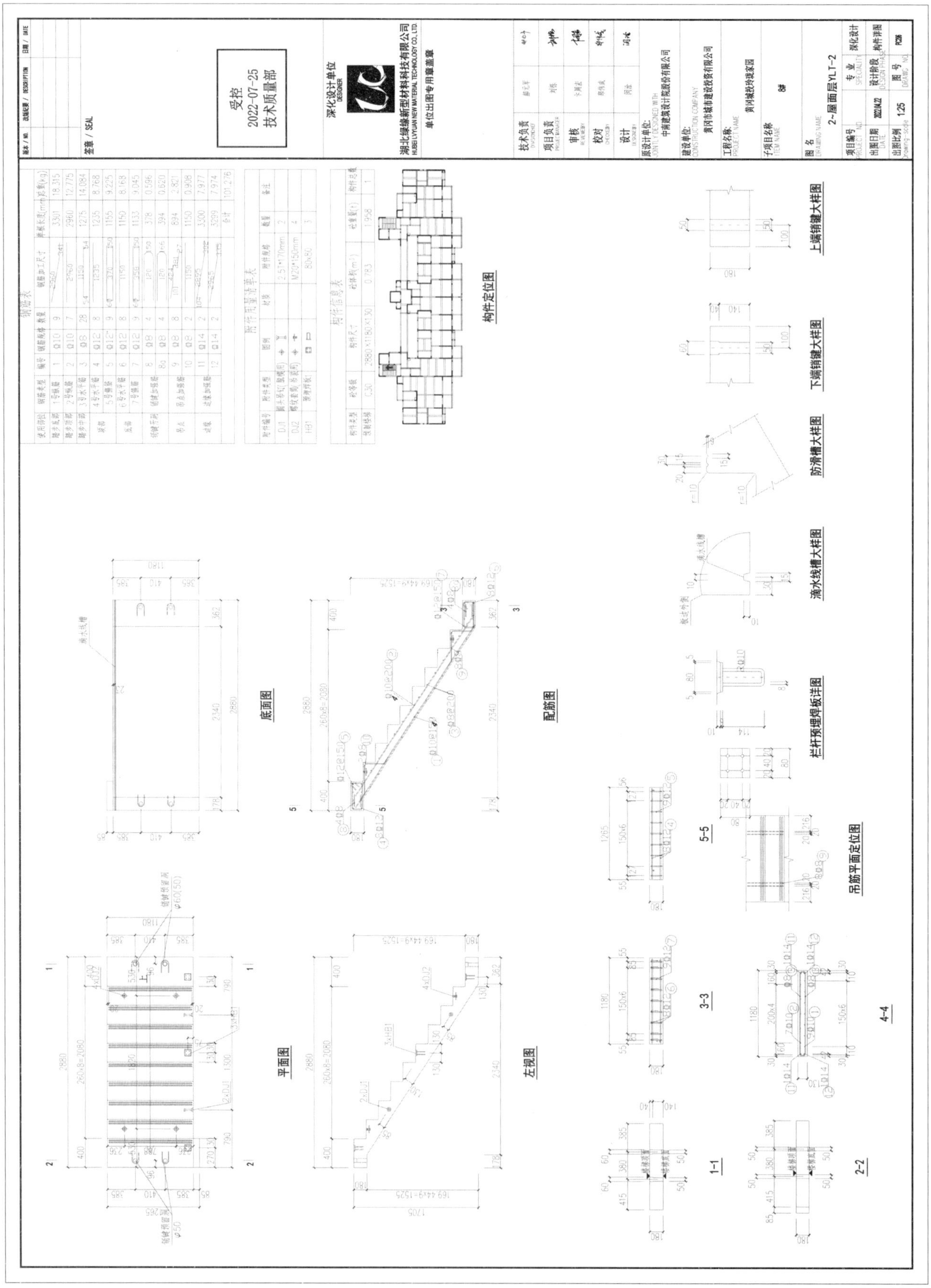
受控
2022-07-25
技术质量部
湖北绿缘新型材料科技有限公司
深化设计单位
2~屋面层YLT-2
平面图
底面图
左视图
配筋图
构件定位图
1-1
2-2
3-3
4-4
5-5
上端销键大样图
下端销键大样图
防滑槽大样图
滴水线槽大样图
栏杆预埋焊板详图
吊筋平面定位图

"1+X"建筑工程识图职业技能等级证书考核
"1+X"装配式建筑构件制作与安装职业技能等级证书考核(科目一)
识图卷一答案(装配式混凝土结构)(满分 180 分)

※※※

答题须知:

1. 请依据提供的《花山印象叠墅 A13#楼深化设计图》作答,深化设计图纸包含 14 张。

2. 以下题目包含单项选择题和多项选择题。

一、单项选择题(共 60 小题,每小题 2 分,合计 120 分)

1	2	3	4	5	6	7	8	9	10
C	A	D	B	C	B	D	A	B	B
11	12	13	14	15	16	17	18	19	20
A	D	B	B	C	D	B	A	D	A
21	22	23	24	25	26	27	28	29	30
B	A	C	A	C	B	B	A	B	D
31	32	33	34	35	36	37	38	39	40
B	A	C	D	A	B	D	C	D	D
41	42	43	44	45	46	47	48	49	50
D	C	C	B	B	C	D	C	A	B
51	52	53	54	55	56	57	58	59	60
C	A	B	B	D	B	A	B	D	C

二、多项选择题(共 15 小题,每小题 4 分,合计 60 分。错选、多选不得分,漏选得 2 分。)

61	62	63	64	65
ADE	BCD	ADE	BC	BCE
66	67	68	69	70
AB	ABCDE	AD	ABCE	ABCE
71	72	73	74	75
ABC	ABCD	ABCD	ADE	ABCDE

"1+X"建筑工程识图职业技能等级证书考核
"1+X"装配式建筑构件制作与安装职业技能等级证书考核(科目一)
识图卷二答案(装配式混凝土结构)(满分 180 分)

※※※

答题须知:

1. 请依据提供的《黄冈城投玲珑家园 8#楼深化设计图》作答,深化设计图纸包含 17 张。

2. 以下题目包含单项选择题和多项选择题。

一、单项选择题(共 60 小题,每小题 2 分,合计 120 分)

1	2	3	4	5	6	7	8	9	10
A	D	C	C	C	D	B	B	C	D
11	12	13	14	15	16	17	18	19	20
B	A	D	A	D	C	D	A	D	B
21	22	23	24	25	26	27	28	29	30
A	A	B	C	B	C	D	A	C	B
31	32	33	34	35	36	37	38	39	40
B	D	B	D	C	A	D	D	D	B
41	42	43	44	45	46	47	48	49	50
B	A	D	C	D	D	B	A	A	C
51	52	53	54	55	56	57	58	59	60
A	B	C	C	B	D	D	C	B	C

二、多项选择题(共 15 小题,每小题 4 分,合计 60 分。错选、多选不得分,漏选得 2 分。)

61	62	63	64	65
ABCE	ABC	CDE	AB	ABE
66	67	68	69	70
AC	ABCDE	ABCDE	ABCD	ABDE
71	72	73	74	75
ABCD	ABCE	ABDE	ACD	ABCD

第二篇

PC构件生产、施工篇

实训任务单 1

所属系部： 编制人： 编制日期：

课程名称	装配式建筑施工	项目名称	认知装配式混凝土结构	任务名称	认知装配式混凝土结构	任务编号	1
实训班级		实训地点		实训学时	2	姓名	
实训目的	运用在装配式建筑施工课程中学到的知识，认知装配式混凝土结构，掌握装配式混凝土建筑、结构等基本知识；通过本次实训技能训练，积累实践工作经验						

一、实训任务描述

(1)任务载体：ppt(一、装配式混凝土建筑概论的 1.1 装配式建筑的概念)、装配式建筑实训中心。

(2)完成实训任务单 1：参观装配式建筑实训中心、认知装配式混凝土结构。

二、实训指导、实训成果

(1)通过学习 ppt(一、装配式混凝土建筑概论的 1.1 装配式建筑的概念)，认知装配式混凝土结构，掌握装配式混凝土建筑、结构等基本知识。

(2)通过参观装配式建筑实训中心，完成实训任务单 1 中的 8 个小题(每小题 1 分)。

三、考核标准

考核结果实行十分制，指导教师根据实际情况进行判定。

(1)考勤标准(2 分)：能够按时出勤，不迟到、不早退，遵守实训纪律。

(2)成果标准(8 分)：符合实训成果要求。

实训任务单 1(认知装配式混凝土结构)

简述装配式建筑的定义[来源:《装配式混凝土建筑技术标准》(GB/T 51231—2016)](1分)	简述装配式建筑的特征——“六化”[来源:《装配式混凝土建筑技术标准》(GB/T 51231—2016)](1分)
答:	答:
简述装配式建筑的四大系统[来源:《装配式混凝土建筑技术标准》(GB/T 51231—2016)](1分)	简述装配式建筑分类及装配式混凝土建筑(PC)的定义[来源:《装配式混凝土建筑技术标准》(GB/T 51231—2016)](1分)
答:	答:

续表

简述部件的定义并举例(1分)	简述卫生间同层排水的定义[来源:《装配式混凝土建筑技术标准》(GB/T 51231—2016)](1分)
答:	答:
简述装配整体式混凝土结构的定义[来源:《装配式混凝土建筑技术标准》(GB/T 51231—2016)、《装配式混凝土结构技术规程》(JGJ 1—2014)](1分)	简述住建部认定的2017年第一批、2020年第二批装配式建筑示范城市和产业基地(湖北省)(1分)
答:	答:

实训任务单 2

所属系部： 编制人： 编制日期：

课程名称	装配式建筑施工	项目名称	装配式建筑评价等级	任务名称	预制率、装配率与装配式建筑评价等级的关系	任务编号	2
实训班级		实训地点		实训学时	4	姓名	
实训目的	运用在装配式建筑施工课程中学到的知识，掌握预制率、装配率与装配式建筑评价等级的关系；通过本次实训技能训练，积累实践工作经验						

一、实训任务描述

(1)任务载体：ppt(一、装配式混凝土建筑概论的 1.3 装配式混凝土建筑术语)、4 篇最新专业论文(2021—2022 年)[《基于 BIM 技术的装配率计算对比分析研究》(赵瑞阳、郑鹏)、《上海某幼儿园装配整体式钢筋混凝土框架结构设计》(秦中慧)、《上海市装配式混凝土高层住宅经济性分析》(顾浩声、刘匀)、《装配式混凝土建筑装配率指标的计算方法研究》(钟春玲)]。

(2)完成实训任务单 2：预制率、装配率与装配式建筑评价等级的关系。

二、实训指导、实训成果

(1)通过学习 ppt 和阅读 4 篇最新专业论文，掌握预制率、装配率与装配式建筑评价等级的关系。

(2)通过本次实训，完成实训任务单 2 中的 8 个小题(每小题 1 分)。

三、考核标准

考核结果实行十分制，指导教师根据实际情况进行判定。

(1)考勤标准(2 分)：能够按时出勤，不迟到、不早退，遵守实训纪律。

(2)成果标准(8 分)：符合实训成果要求。

实训任务单 2（预制率、装配率与装配式建筑评价等级的关系）

简述国家标准和武汉市、上海市、北京市的地方标准中有关装配式建筑评价等级的指标有何不同（1 分）	阅读专业论文——《基于 BIM 技术的装配率计算对比分析研究》（赵瑞阳、郑鹏），简述 33 层剪力墙结构，仅水平构件预制（底部 4 层、顶层屋面板现浇）时，增加有水房间及电梯前室后全楼预制部分的全楼面积比及其是否能达到国家标准的最低要求（1 分）
答：	答：
阅读专业论文——《基于 BIM 技术的装配率计算对比分析研究》（赵瑞阳、郑鹏），简述在实际工程项目中，只做水平构件预制的项目占比很高的原因（1 分）	阅读专业论文——《上海某幼儿园装配整体式钢筋混凝土框架结构设计》（秦中慧），简述本工程的结构体系、本工程采用的装配式建筑评价指标、指标大小是否符合要求、为什么选择这个指标（1 分）
答：	答：

续表

阅读专业论文——《上海某幼儿园装配整体式钢筋混凝土框架结构设计》(秦中慧),简述本工程哪些部位采用现浇混凝土(1分)	阅读专业论文——《上海市装配式混凝土高层住宅经济性分析》(顾浩声、刘匀),简述沪建建材〔2019〕97号文对报建项目预制率或装配率指标的要求(1分)
答:	答:
阅读专业论文——《上海市装配式混凝土高层住宅经济性分析》(顾浩声、刘匀),分析各类构件预制率贡献和费用增量占比图中的折线的含义,以及从经济性角度而言,各类预制构件和围护墙的优先选择次序(1分)	阅读专业论文——《装配式混凝土建筑装配率指标的计算方法研究》(钟春玲),简述装配式建筑的等级评定分哪5种情况(1分)
答:	答:

基于 BIM 技术的装配率计算对比分析研究

赵瑞阳　郑　鹏

（中国建筑科学研究院有限公司 北京构力科技有限公司，北京 100013）

【摘要】 近年来装配式迎来了爆发式的发展，一是由于装配式技术的革新，二是国家政策层面上的大力扶持，推动建筑业的转型。全国各地相继推出了装配式的相关政策，鼓励装配式建筑的发展。与其相对应的，各地也相继发布装配式建筑评定的标准来帮助实现相关政策的落地，对于装配率的判定是其中最重要的部分。PKPM-PC 也在近年陆续推出了适应各地政策的装配率计算功能。

【关键词】 BIM；装配率；装配式建筑；PKPM-PC

Comparative Analysis of Prefabrication Ratio Based on BIM Technology

Zhao Ruiyang, Zheng Peng

(*Beijing Glory PKPM Technology Co.*, *Ltd.*, *Beijing* 100013, *China*)

Abstract: In recent years, assembled buildings has ushered in explosive development, one is due to the innovation of assembly technology , the other is the strong support from the national policy. Most areas of China have launched the relevant policies of prefabricated buildings to encourage the development of prefabricated buildings. Correspondingly, most regions of China have issued the evaluation standards of prefabricated buildings according to its own charateristics. The prefabrication ratio is the most important part. In this condition, PKPM－PC has launched the prefabrication ratio calculation function which adapts to the local policies.

Keywords: BIM; Prefabrication Ratio; Prefabricated Buildings; PKPM-PC

【中图分类号】 TU17　　**【文献标识码】** A　　**【文章编号】** 1674-7461(2021) 04-0095-06

【DOI】 10.16670 /j. cnki. cn11-5823/tu. 2021. 04. 14

【基金项目】 “科技助力经济 2020”重点专项项目“基于 BIM 的装配式建筑一体化设计技术产业化应用”（编号：2020ZLSH08）

【第一作者】 赵瑞阳（1986—），男，高级工程师，北京构力科技有限公司工业化软件研发事业部技术总监。主要研究方向：建筑信息化、装配式建筑、建筑结构等

【通讯作者】 郑鹏（1987—），男，工程师，北京构力科技有限公司深圳分公司总经理。主要研究方向：建筑结构、装配式建筑、BIM 技术等

引言

2018 年 2 月 1 日，国家标准《装配式建筑评价标准》正式执行，在国标中，取消了预制率、预制装配率、装配化率等概念，统一以“装配率”作为唯一的指标来评价装配式建筑的装配化程度。在国标推出之后，各地陆续推出了以国标《装配式建筑评价标准》为基础，适应本地相关情况的地方标准，这些标准有些与国标一致，有些则部分不同，这些不同会导致最终的装配率计算结果也会有差别。除了基于国标制定的地方标准之外，有些地区的装配率计算方法则与国标有较大差别，如北京地区装配式计算方法、上海地区装配率计算方法、江苏三板装配率计算方法等，同样，一栋装配式建筑在不同的计算方法之下，结果也会大有不同。

装配率计算作为装配式结构设计的第一步，不仅是建筑装配化程度的主要指标，而且是国家实施经济补偿的重要参照依据[1]。但是装配率的计算经常困扰着设计师们，计算方法多（各地算法不同），计算量大。各类预制构件计算标准也有不同，以国标为例，水平构件以投影面积法进行计算，竖向构件以体积法进行计算。快速准确地完成装配率计算，BIM 软件的作用必不可少。针对各地不同的装配率计算政策，PKPM-PC 中增加了相关的功能，如图 1 所示。

1　国标装配率分析

在国标《装配式建筑评价标准》中，按要求评定为装配式建筑，需要满足以下四个指标：①主体结构部分的评分≥20 分；②围护墙和内隔墙的评分≥10 分；③采用全装修；④装配率≥50%[2]。其中主体结构部分的计算又分为竖向构件和水平构件两部分。竖向构件评分 20～30 分，水平构件为 10 ～20 分，总分最低分值为 20 分（见表 1）。在国标中，并不强制使用竖向构件，所以理论上仅使用水平构件预制也可以满足国标装配率的要求（水平构件预制比例≥80%）。而在实际工程项目中，这种只做水平构件预制的项目占比很高，主要有以下几方面原因：

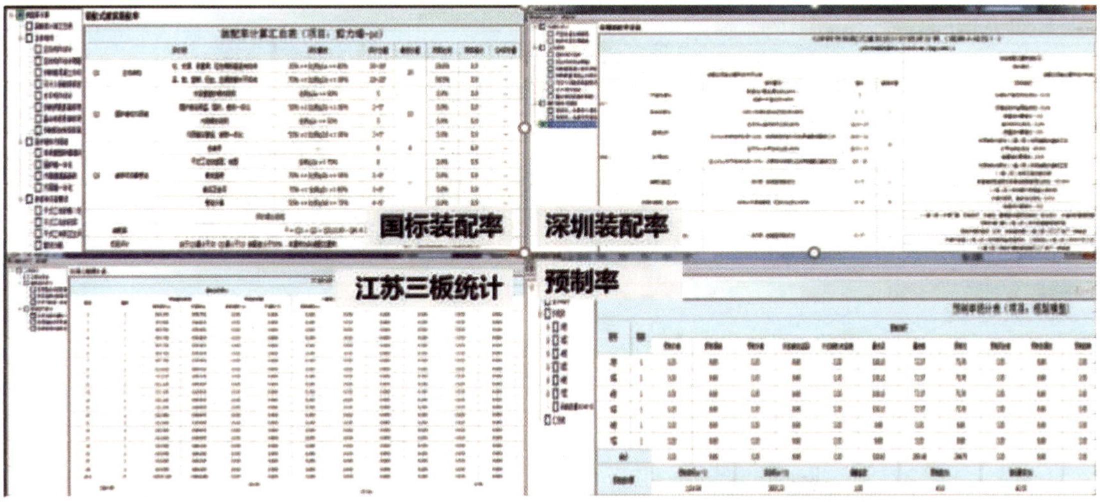

图 1　PKPM-PC　装配率计算功能

表 1　国标装配式建筑评分[2]

	评价项	评价要求	评价分值	最低分值
主体结构（50 分）	柱、支撑、承重墙、延性墙板等竖向构件	35%≤比例≤80%	20～30	20
	梁、板、楼梯、阳台、空调板等构件	70%≤比例≤80%	10～20	
围护墙和内隔墙（20 分）	非承重围护墙非砌筑	比例≥80%	5	10
	围护墙与保温、隔热、装饰一体化	50%≤比例≤80%	2～5	
	内隔墙非砌筑	比例≥50%	5	
	内隔墙与管线、装修一体化	50%≤比例≤80%	2～5	

续表

	评价项	评价要求	评价分值	最低分值
装修和设备管线（30分）	全装修		6	6
	干式工法楼面、地面	比例≥70%	6	
	集成厨房	70%≤比例≤90%	3～6	
	集成卫生间	70%≤比例≤90%	3～6	
	管线分离	50%≤比例≤70%	4～6	

（1）成本原因，装配式建筑现阶段成本比传统现浇混凝土结构高，在只做水平构件的项目中，土建成本增量基本可以控制在150元/m^2以内，而在采用竖向构件预制的项目中，土建成本会增加到300元/m^2以上。开发商基于成本考虑，会优先选择只做水平构件。

（2）现阶段由于设计、生产、施工的不成熟，竖向构件普遍存在安全隐患，例如灌浆套筒的灌注度检测问题等。

（3）水平构件设计难度小、生产施工方便简单，所以水平构件预制在装配式项目中受到普遍欢迎。

2　仅水平构件的装配率对比分析

因为国标装配率计算中没有强制要求使用竖向构件，那么仅使用水平构件是否能满足要求？现以一个典型的装配式剪力墙项目为例进行分析，图2所示项目为剪力墙结构，33层，底部4层现浇，顶层屋盖板现浇。采用PKPM-PC进行BIM模型创建（见图3），并完成水平构件的拆分设计。利用PKPM-PC的装配率计算功能进行装配率指标的统计。

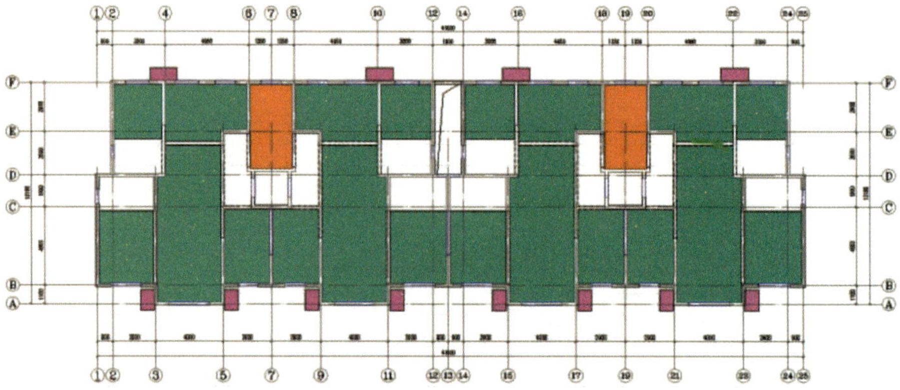

图2　标准层预制楼板布置图

图3　PKPM-PC BIM模型

仅标准层进行装配率计算的结果显示，水平构件的投影面积比达到80.3%。在《装配式建筑评价标准》中对于单体装配率的计算是从室外地坪开始算起的，考虑全楼进行计算水平构件的计算比例为70.1%。那么，实际此项目水平构件仅能得到10分，不能达到国标的最低要求。在现有拆分方式的基础上，在增加部分预制楼板，将有水房间进行预制，如图4所示。再将电梯前室进行预制，如图5所示。分别建模进行装配率统计计算，得到结果（见表2）。

从分析对比来看，本项目是有可能达到水平构件投影面积比例高于80%的，但是代价较高，有水房间（厨房、卫生间）存在降板，并且有较高的防水要求，一般情况下不建议采用预制楼板。而电梯前室，由于管线较多，采用预制楼板对施工不利。本项目是33层的高层剪力墙结构，对于十几层的项目，装配率的结果则更难满足要求，同样的标准层在不同层数的项目中的结果对比，如表3所示。在不同楼层数下，层数越高，越容易满足要求。

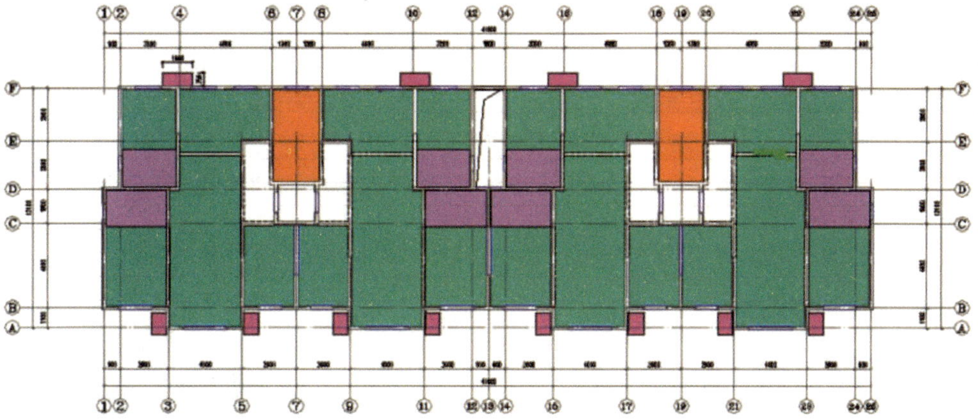

图 4 增加有水房间

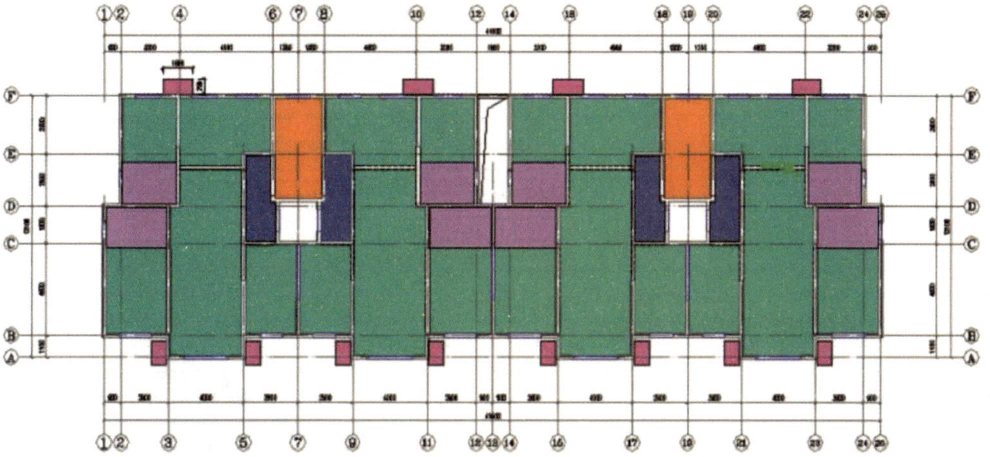

图 5 增加有水房间和电梯前室

表 2 不同拆分下装配率结果对比

预制部分	标准层面积比/(%)	全楼面积比/(%)
非有水房间、楼梯、空调板	80.3	70.1
增加有水房间	89.3	77.9
增加有水房间及电梯前室	95	82.9

表 3 不同楼层数下装配率结果对比

楼层数	常规楼板拆分设计/(%)	增加有水房间/(%)	增加有水房间及电梯前室/(%)
33 层(底部 4 层现浇)	70.1	77.9	82.9
18 层(底部 2 层现浇)	66.5	74	78.7
10 层(底部 1 层现浇)	64	71.2	75.7

3 不同计算方法下的装配率计算对比

在国标装配率之外，各地都制订了本地的装配率计算规则，特别是装配式推广较好的北京、深圳、湖南、山东、浙江等地区也没有直接采用国标方法来评价装配式建筑，均对评价内容进行了修改和补充，其中北京、江苏、上海等地区计算方法与国标有较大差别[3]。例如，上海市采用的装配率计算方法对不同结构体系的装配式建筑做了非常明确的划分，不同的结构体系中，对预制构件采用不同的权重系数，同时单体预制率和装配率分开定义[4]。同一项目在不同的装配率计算规则下会有不同的计算结果，下面以同一项目以北京装配率规则和江苏三板计算方法进行计算，对比分析计算结果。

北京地区的政策是分别计算装配率和预制率，其中装配率应满足国标《装配式建筑评价标准》的要求，需要≥50%。预制率应符合在建筑高度≤60 m

时，预制率≥40%，在建筑高度>60 m时，预制率应≥20%[5]。以同一高层剪力墙项目为例，其高度大于60 m，当同时拆分了有水房间和电梯前室时，得到水平构件投影面积比82.9%，得分20分。采用预制率算法，计算该项目的预制率，得到预制率仅为12.7%，如图6所示。

江苏地区的政策要求单体建筑中强制应用的“三板”总比例不得低于60%，其中强制应用的“三板”包括预制楼板、预制楼梯板、预制内隔墙板[6]。在PKPM－PC中也设计了相应的计算功能，同样情况以江苏三板规则进行计算，结果如图7所示。

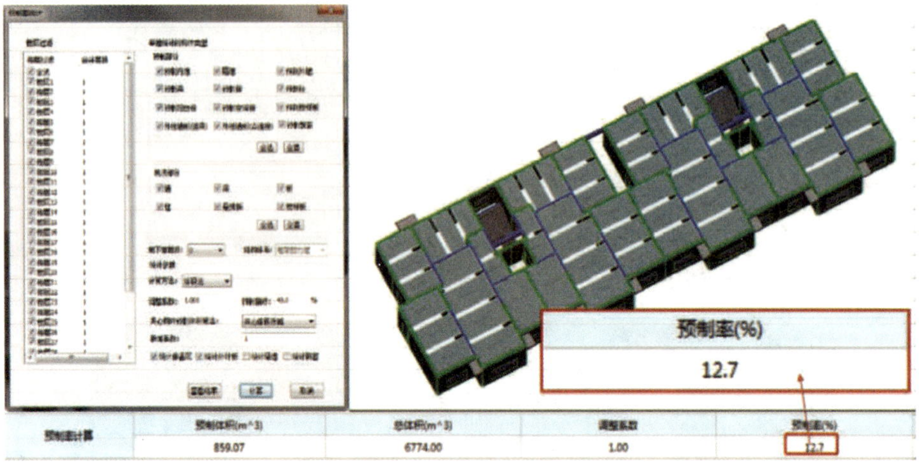

图6 采用PKPM-PC预制率计算

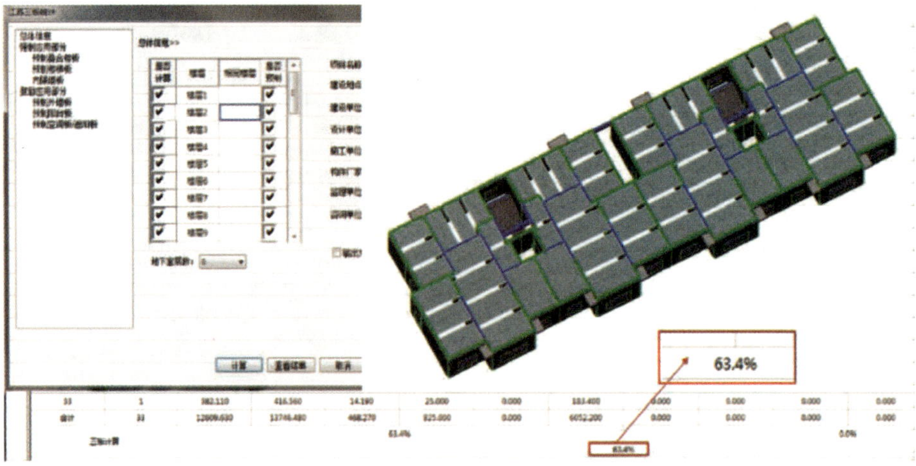

图7 PKPM-PC江苏三板统计

由此可见，在仅使用水平构件预制的情况下，即使能满足《装配式建筑评价标准》的要求，要满足北京市的预制率要求也比较困难。相比较而言，江苏地区的“三板”政策，着力于推广水平构件，所以在水平构件的拆分上也更加容易满足条件。

4 总结

装配率是装配式建筑评价的重要指标，是装配式设计的重要一步，但是各地计算方法不一，不同构件的计算标准各异，计算复杂，纯手动计算耗时耗力，且不能保证准确性。利用BIM技术可以解决相关问题，但是目前装配式建筑的BIM应用主要集中在协同设计、构件拆分与深化设计[7-9]，以及对装配式建筑中各类单项构件的研究[10-11]，但是缺乏装配率相关的研发。PKPM-PC软件作为国内最早开发的装配式BIM软件，在装配率计算方面投入了大量研发，能够准确地对实体模型进行计算，大大提高了工作效率和计算准确性。通过软件对各种形式的装配式方案进行快速的装配率计算分析，对比计算结果，能够帮助工程师选择更加合理的装配式方案。

参考文献

[1] 刘勤文,李希胜,王军.以装配率为导向的装配式建筑方案设计优化[J].土木建筑工程信息技术,2019,11(02):122-128.

[2] GB/T 51129—2017 装配式建筑评价标准[S].北京:中国建筑工业出版社,2017.

[3] 赵晓龙.装配式建筑评价标准对比分析[J].住宅与房地产,2019(20):33-39.

[4] 何夕平,赵仁松,李文海.不同地区装配式建筑评价方法的特点及对比分析[J].安徽建筑大学学报,2020,28(06):39-44.

[5] 北京市人民政府办公厅关于加快发展装配式建筑的实施意见[CB/OL]. http://www.beijing.gov.cn/zhengce/zhengcefagui/201905/t20190522_60082.html,2017,3(1).

[6] 江苏省住房和城乡建设厅关于进一步明确新建建筑应用预制内外墙板预制楼梯预制楼板相关要求的通知[EB/OL]. http://jsszfhcxjst.jiangsu.gov.cn/art/2018/1/12lart_49384_8895056.html,2018,1(12).

[7] 张启志.基于BIM软件下的装配式建筑结构设计[J].钢结构,2018,33(02):114-117.

[8] 张德海,陈娜,韩进宇.基于BIM的模块化设计方法在装配式建筑中的应用[J].土木建筑工程信息技术,2014,6(06):81-85.

[9] 纪颖波,周晓茗,李晓桐.BIM技术在新型建筑工业化中的应用[J].建筑经济,2013(08):14-16.

[10] 冯青,陆小龙,汪德江,等.基于BIM的装配整体式混凝土梁的拆分研究[J].土木建筑工程信息技术,2016,8(05):83-85.

[11] 王金,曹清,李妍.装配式建筑叠合楼板设计中若干问题讨论[J].建筑结构,2017,47(S1):890-892.

上海某幼儿园装配整体式钢筋混凝土框架结构设计

秦中慧

（中船第九设计研究院工程有限公司，上海 200090）

【摘要】 随着我国经济的发展，人力成本的增加和对环境保护越来越严格的要求，国家及地方相继出台政策推动装配式建筑的发展。根据上海市住房与城乡建设委员会的规定，上海市青浦区某幼儿园应采用装配整体式钢筋混凝土框架结构，本文介绍了其设计方法。预制构件包括所有能做的梁、板、柱、楼梯，单体预制率达到了40%，采用了和现浇钢筋混凝土框架结构相同的计算方法进行计算，并补充了接缝节点验算，预制构件经过深化设计后，通过现场精心施工，工程顺利竣工，可以为类似的设计提供参考。装配式建筑将逐步成为当今建筑行业发展的主要趋势，进入快速发展阶段。

【关键词】 装配式建筑；预制率；预制构件；接缝验算；深化设计

A kindergarten's structural design of assembled reinforced concrete frame in Shanghai

QIN Zhonghui

(China Shipbuilding NDRI Engineering Co., Ltd., Shanghai 200090, China)

Abstract: With the development of China's economy, the increase of human cost and the increasingly strict requirements for environmental protection, the state and the local governments have issued policies to promote the development of assembled buildings. According to the regulations of Shanghai Housing and Urban Rural Construction Commission, the reinforced concrete frame structure should be used in the kindergarten in Qingpu District of Shanghai. This paper introduces the design method of it. Prefabricated components include most of the beams, slabs, columns and all of the stairs that can be made. The prefabrication rate reaches 40%. The same calculation method as cast-in-place reinforced concrete frame structure is adopted, and joint checking calculation is supplemented. After the detailed design of the prefabricated components, the kindergarten is successfully completed through the site precise construction. It can provide reference for similar design. Assembly building will gradually become the main trend of the development of the construction industry.

Keywords: assembled building; prefabrication rate; prefabricated components; joint checking calculation; detailed design

【中图分类号】 TU395.4 **【文献标识码】** A **【文章编号】** 1002-848X(2021)S1-1044-05

【作者简介】 秦中慧，硕士，高级工程师。Email: qinhezhonghui@126.com

1 工程概况

本工程为上海市青浦区某幼儿园。设计于2018年，竣工于2020年。幼儿园用地面积为7067 m^2，约10.6亩。幼儿园园舍为1栋三层的三面围合建筑，规划15班，总建筑面积为6716 m^2，地上建筑面积为6585 m^2，地下建筑面积为131 m^2，底层层高4.05 m，其余各层层高3.65 m。其主要包括多功能活动室、幼儿活动室、办公室、厨房、餐厅等。俯瞰效果图见图1。根据其结构特点，为避免结构严重不规则，将整栋三面围合的建筑设置防震缝分成三个单元，平面示意见图2。

图1 幼儿园俯瞰图

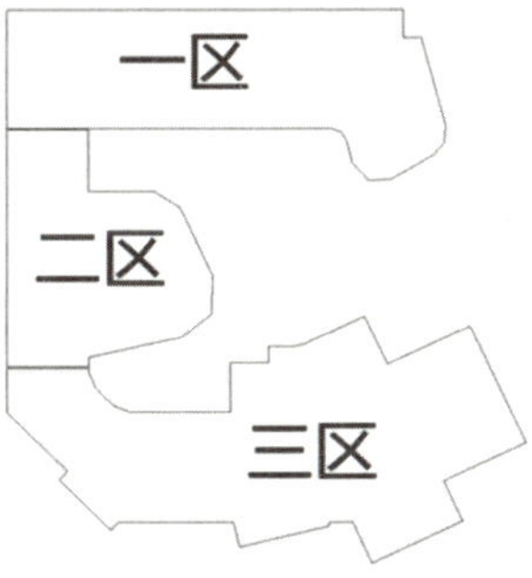

图2 幼儿园平面轮廓示意

2 结构选型

对于一个三层的幼儿园，在上海地区通常情况下会采取现浇钢筋混凝土框架结构，但是随着我国经济的发展、人力成本的增加和对环境保护越来越严格的要求，国家自2015年以来密集出台了装配式建筑规划，2015年末，住建部还出台了《建筑产业现代化发展纲要》，计划到2020年装配式建筑占新建建筑的比例达20%以上，到2025年装配式建筑占新建建筑的比例达50%以上。

在装配式建筑推行过程中，上海市要求相对较严、较高。2016年，上海市住房与城乡建设管理委员会发布了601号文[1]，文件规定，自2016年起，除配套构筑物、建筑面积5000 m^2以下的建筑、总建筑面积2000 m^2以下新建工业厂房配套办公或研发等项目、技术条件特殊不适宜实施装配式的建筑外，建设项目符合条件的新建民用、工业建筑应全部按照装配式建筑要求实施，建筑单体预制率不应低于40%或单体装配率不低于60%。同时，文件还制定了建筑预制率和装配率的详细计算细则。

根据601号文，本工程应该采用装配式，传统的现浇钢筋混凝土框架结构形式已经不能采用了，由于幼儿园建筑很少采用钢结构，同时考虑到防火、防锈等问题，根据业主要求，不能采用钢结构，因此，本项目最终采用装配整体式钢筋混凝土框架结构。

3 装配整体式框架结构设计

3.1 预制率计算

根据上海市601号文，幼儿园的单体预制率不应低于40%，或单体装配率不应低于60%，本工程没有采用预制内隔墙、单元式幕墙、集成式厨房、集成式卫生间、集成排烟井、集成排烟道等，采用预制率进行计算，预制的指标完全落在结构专业上。

建筑单体预制率，是指混凝土结构、钢结构、竹木结构、组合结构等结构类型的装配式建筑单体±0.000以上主体结构、外围护中预制构件部分的材料用量占对应结构材料总用量的比率。由于外墙采用蒸压加气混凝土墙体，不使用预制墙板，采用601号文建筑单体预制率和装配率计算细则中的方法一计算出的预制率比方法二的预制率更高，所以本工程采用方法一进行预制率计算，计算公式如下(公式中所有体积指±0.000 m以上部分)：

$$预制率=\frac{预制混凝土构件的体积}{预制+现浇混凝土构件体积}$$

地下室部分及地下室顶板均采用现浇。考虑基础与框架柱连接的方便性及底层地震力偏大的因素，底层框架柱尽量采用现浇，其余采用预制柱；考虑到防漏防渗的要求及设备管井较多的问题，卫生间梁板采用现浇；考虑到模数化及经济成本因素，弧形梁及斜梁均采用现浇；对于多功能厅受到建筑净高限制，梁高较小处，配筋率较大，超过2.0%的梁采用现浇，可以避免施工中因钢筋较多，连接困难的问题。其余部分梁板均采用预制，梁为预制叠合梁，现浇叠合层厚度同楼板厚，楼板采用桁架钢筋混凝土叠合楼板，为双向板，后浇带宽度不小于 200 mm，叠合楼板厚度除满足跨高比及受力要求外，预制部分厚 60 mm，现浇部分最小厚 70 mm，满足预留线槽的要求。为了防止开裂渗水，屋面板最好采用现浇，但是本工程为了达到预制率的要求，屋面板也采用 架钢筋混凝土叠合板，预制部分厚度 60 mm，现浇部分最小厚度 100 mm。楼梯采用全预制楼梯。幼儿园单体预制率计算见表 1，预制率为 40.1%，刚好满足最小预制率的要求。

表 1 预制率计算

项目		预制 PC/m³	现浇/m³	总量/m³
框架柱	一区	51	71	122
	二区	16	41	57
	三区	69	94	163
梁	一区	98	162	260
	二区	56	113	169
	三区	130	205	335
板(60 预制+60 现浇/+100 现浇)	一区	107	161	268
	二区	45	62	107
	三区	135	197	332
楼梯	一区	17	0	17
	二区	0	0	0
	三区	17	0	17
汇总		741	1106	1847
预制率		741/1847=40.1%		

3.2 计算参数

装配整体式钢筋混凝土框架结构在预制构件之间及预制构件与现浇混凝土的接缝处，当受力钢筋采用安全可靠的连接方式，结构的整体性能等同于现浇钢筋混凝土框架结构，其设计计算参数与现浇钢筋混凝土框架结构一致[2]。当同一层内既有预制构件又有现浇抗侧力构件时，地震设计状况下对现浇抗侧力构件在地震作用下的弯矩和剪力放大 1.1 倍。设计基准期为 50 年，设计使用年限为 50 年。根据建筑结构破坏后果的严重程度，建筑结构安全等级为一级。结构重要性系数 $\gamma_0=1.1$。抗震设防烈度为 7 度，设计基本地震加速度为 0.1 g，设计地震分组为第二组，$T_g=0.9$ s，场地类别为Ⅳ类[3]。框架结构抗震等级为二级。混凝土强度等级为 C30，地下室部分 C35。地下室底板、有覆土的顶板及外墙抗渗等级为 P6。钢筋强度等级地下室底板、楼板、柱、梁、墙主筋采用 HRB400 级钢，梁柱及楼梯纵筋采用 HRB400E，柱、梁、墙箍筋采用 HRB400 级钢。填充墙强度等级±0.00 以上及地下室内墙采用砌块(蒸压加气混凝土砌块)A5.0，混合砂浆 Mb5.0。±0.00 以下采用 MU10 的混凝土小型空心砌块灌实，水泥砂浆强度等级为 Mb7.5。楼梯不参与整体计算，与主体结构之间设滑动支座[4]。

3.3 节点设计

装配整体式钢筋混凝土框架结构等同现浇钢筋混凝土框架结构，预制构件在工厂制作，质量基本能得到保证，决定着整栋楼安全与否的关键在于其连接节点。构造上在现浇与预制混凝土接缝处采用粗糙面、键槽等措施，见图 3。节点及接缝处的纵向钢筋连接可根据接头受力、施工工艺等要求选用机械连接、套筒灌浆连接、浆锚搭接连接、焊接连接、绑扎搭接连接等连接方式。接缝的压力通过后浇混凝土、灌浆料或坐浆材料直接传递，拉力通过由各种方式连接的钢筋、预埋件传递，剪力由结合面混凝土的黏结强度、键槽或者粗糙面、钢筋的摩擦抗剪作用、销栓抗剪作用承担。后浇混凝土、灌浆料或坐浆材料与预制构件结合面的抗剪强度往往低于预制构件本身混凝土的抗剪强度，预制构件的接缝还需要进行受剪承载力计算。

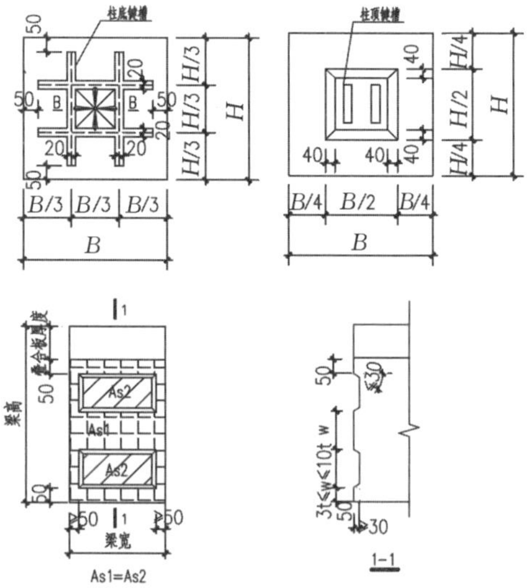

图 3 现浇与预制混凝土接缝处构造示意

根据《装配式混凝土结构技术规程》6.5.1 条，各工况下接缝处所受的剪力应小于截面相应的抗剪承载能力，而在梁柱端部箍筋加密区处，被连接构件端部按实际配筋面积计算的斜截面受剪承载力设计值，还应小于地震工况下构件接缝处的受剪承载力设计值。根据《装配式混凝土结构技术规程》7.2.2条，地震工况下构件接缝处的受剪承载力设计值由接缝处后浇混凝土部分、预制混凝土部分和穿过结合面的钢筋提供。根据《混凝土结构设计规范》第6.3.4条[5]，被连接构件端部按实际配筋计算的斜截面受剪承载力设计值由混凝土部分和箍筋提供，即接缝处抗剪应采用等强设计。对于同样的截面，箍筋配筋越少，穿过接缝所需的抗剪纵筋越少。当预制柱受压时，接缝处截面受剪承载力较大，容易满足规范要求，因此，设计中，预制柱水平接缝处尽量不要出现拉力。本工程中，对于同样高度的梁，两肢箍尽量采用300 mm宽的截面，四肢箍尽量采用大于350 mm宽的截面，除了抗弯的纵筋，另外增加的抗剪纵筋可以在梁高两侧均匀分布，同时作为腰筋，满足抗拉锚固的要求，见图4。当另外增加的抗剪钢筋数量不多时，也可以直接放在梁顶部现浇层里，方便施工。根据不同的截面，不同的箍筋配置情况，计算得出的穿过接缝处总的钢筋数量见表2。当在现浇区域采用灌浆套筒连接形式时，应注意套筒的间距需满足规范要求。

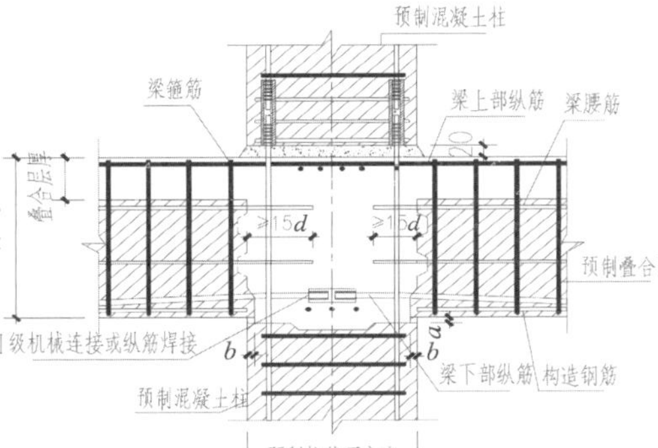

图4 现浇与预制框架梁柱接缝处节点

表2 框架梁端接缝处抗剪纵筋面积

截面尺寸/mm	实配箍筋(括号内为箍筋肢数)	穿过接缝的抗剪钢筋/m²
300×700	⌀10@100(2)	4400
300×700	⌀8@100(2)	3100
300×650	⌀8@100(2)	2650
300×600	⌀8@100(2)	2450
400×650	⌀8@100(4)	4900
400×600	⌀8@100(4)	4550
400×550	⌀8@100(4)	4200

3.4 预制构件深化设计

预制构件在工厂完成制作，需要在生产前进行深化设计。深化设计的原则要做到标准化、模数化，尽量使模具种类减少。深化设计的内容包括构件的尺寸、混凝土用量、钢筋下料的准确尺寸、预埋件的设置、孔洞的预留、运输吊装措施的选用、吊环的埋设、构造节点的预留钢筋等。只有将深化设计做到极致，做到万无一失，才能使后期的施工变得井然有序、才能有条件提高施工效率、提高施工质量[6]。

4 施工要点

装配式建筑的质量还取决于现场施工的质量，尤其是接缝节点处的质量至关重要，应按现行国家标准《建筑工程施工质量验收统一标准》实施。施工过程中应严格控制灌浆料的现场制作工艺、专人监督灌浆作业过程，确保灌浆作业质量，并做好灌浆作业记录[7]。钢筋的锚固搭接长度一定要满足规范要求，合理安排构件吊装就位顺序，以免钢筋打架，难以安放构件，对于预制构件的留出抗剪钢筋影响构件就位时，可以暂时扳弯，待构件就位后将钢筋复原，不可随意截断。

5 结论

幼儿园采用装配整体式钢筋混凝土框架结构，预制构件包括所有能做的梁、板、柱、楼梯，单体预制率达到了40%，采用和现浇钢筋混凝土相同的计算方法进行计算，并补充了接缝节点验算，但由于本工程的平面不规则，立面造型复杂，构件模数化不是很高，面积小，层数低，仅靠结构专业实现预制率的要求，难度很高，其经济性较低。预制构件经过深化设计后，通过现场精心施工，工程顺利竣工。可以为类似的设计提供一定参考。

6 关于装配式建筑的思考

与传统方式相比，装配式建筑构件大多工厂生产，不受恶劣天气等自然环境的影响，工期更为可控，且生产效率和质量远高于手工作业，也节约了越来越高的人力成本，干法现场装配，节水节电节材环保，精度高，装配式建筑误差可达毫米级。但如果预制构件不能做到模数化，标准化，其经济性就会大大降低，所以要求建筑平立面尽量规则，门窗上下对齐，尺寸模数化，但是在建筑造型追求美观个性化的今天，往往不太可能，这是一个矛盾之处，需要各专业协调解决。

节点对于装配式建筑的安全至关重要，节点的设计施工就需要更加仔细，但目前对于节点施工质量的检验还没有更好的方法，比如套筒灌浆质量的检验还存在一定缺陷，需要进一步的试验和规范出台。

经过3年装配式建筑的试点、摸索与经验总结，2019年初，上海市住房与城乡建设管理委员会又发了97号文[8]，文件规定，除配套构筑物、建筑面积10 000 m^2以下建筑、总建筑面积10 000 m^2以下新建工业厂房配套办公或研发等项目外，新建民用建筑、工业建筑应全部按装配式建筑要求实施，建筑单体预制率或单体装配率不变。计算细则中，方法一也把外维护墙体纳入预制构件中，这一规定比601号文更合理，面积小的建筑预制率或装配率不再是一个硬性指标，可以不再为了凑足预制率而硬做出经济性和安全性都打折扣的结构，同时方法一不再只是混凝土部分体积参与计算，预制的外围护墙体也参与计算，方法一和方法二计算结果差别会更小，也鼓励多使用预制外围护墙体，同样需要外围护墙体能满足模数化和标准化的要求[9]。

近年来，我国已在装配式建筑的设计、施工、验收等各个行业制定了多个国标和行业规范和规程，有关的装配式建筑的规范规程在不断地修订、更新和完善。BIM等技术应用提高了建筑领域各专业协同设计能力，利用信息化手段加强对装配式建筑建设全过程的指导和服务，实现在建筑全生命周期内提高工作效率和质量，以及减少错误和风险的目标[10]。在国家和地方政策的推动下，装配式建筑将逐步成为当今建筑行业发展的主要趋势，进入快速发展阶段。

参考文献

[1] 沪建建材〔2016〕601 号文[R]. 上海：上海市住房与城乡建设委员会，2016.

[2] JGJ 1—2014 装配式混凝土结构技术规程[S]. 北京：中国建筑工业出版社，2014.

[3] DGJ 08-9—2013 上海市工程建设规范建筑抗震设计规程[S]. 上海：上海市建筑建材业市场管理总站，2013.

[4] GB 50011—2010 建筑抗震设计规范（2016 年版）[S]. 北京：中国建筑工业出版社，2016.

[5] GB 50010—2010 混凝土结构设计规范（2015 年版）[S]. 北京：中国建筑工业出版社，2015.

[6] 杨叶. 装配式建筑结构深化设计及关键技术研究[J]. 工程机械与维修，2020(02)：102-103.

[7] 张霞. 装配式混凝土结构质量控制及监管研究[J]. 施工技术，2016,45(17)：137-140.

[8] 沪建建材〔2019〕97 号文[R]. 上海：上海市住房与城乡建设委员会，2019.

[9] 秦中慧. 某大学生活动中心整体装配式钢筋混凝土框架与钢框架选型比较[J]. 工程技术研究，2020,5(21)：125-126+176.

[10] 田东，李新伟，马涛. 基于 BIM 的装配式混凝土建筑构件系统设计分析与研究[J]. 建筑结构，2016，46(17)：58-62.

上海市装配式混凝土高层住宅经济性分析

顾浩声[1]，刘 匀[2]

（1 上海天华建筑设计有限公司，上海 200233；2 同济大学土木工程学院，上海 200092）

【摘要】我国装配式混凝土结构的土建成本一直远超传统现浇建造方式，是现阶段装配式建筑发展亟待解决的主要问题。本文将基于上海市最新的预制率和装配率计算规则，在满足建筑单体40%预制率或60%装配率的条件下，对上海市某一装配式混凝土高层住宅项目案例进行经济性分析，通过计算工程造价，对比主体结构和围护墙中各类构件、不同的内装部品（技术）引起的建筑安装工程费用的增量，考察了各类构件和内装部品（技术）分别对预制率和装配率的贡献程度，从经济性层面对这些构件、部品或技术的优先选用次序进行了排序，对上海市装配式混凝土高层住宅的装配方案设计具有一定的指导意义，并对上海市的预制率和装配率的计算规则提出了合理化建议。

【关键词】装配式混凝土结构；高层住宅；装配率；预制率；经济性；建筑安装工程费用

Economic analysis of prefabricated concrete high-rise residence in Shanghai

GU Haosheng[1]，**LIU Yun**[2]

（1 *Shanghai TIANHUA Architecture Planning & Engineering Co.*，*Ltd.*，*Shanghai* 200233，*China*；2 *College of Civil Engineering*，*Tongji University*，*Shanghai* 200092，*China*）

Abstract: The cost of prefabricated concrete structure in China has been far higher than the traditional cast-in-place construction method, which is the main problem to be solved in the development of prefabricated buildings nowadays. Based on the latest calculation rules of precast ratio and prefabrication ratio in Shanghai, this paper will make an economic analysis on a prefabricated concrete high-rise residential project in Shanghai under the condition of meeting the precast ratio of 40% or prefabrication ratio of 60%. By calculating the project cost, this paper compares the increment of construction and installation cost caused by various components and different interior parts (technologies) in the main structure and retaining walls. This paper investigates their contribution to the precast ratio and prefabrication ratio, and ranks the priority of these interior components or technologies from the economic efficiency level. It has certain guiding significance for the assembly scheme design of prefabricated concrete high-rise residential buildings in Shanghai. Reasonable suggestions on the calculation rules of precast ratio and prefabrication ratio in Shanghai are put forward.

Keywords: precast concrete structure; high-rise residence; prefabrication ratio; precast ratio; economic efficiency; construction and installation cost

【中图分类号】TV334，TU973 **【文献标识码】**A **【文章编号】**1002-848X(2022)S1-1679-06

【DOI】10.19701/j.jzjg.22S1410

【第一作者】顾浩声，博士，高级工程师，一级注册结构工程师。Email：guhaosheng@thape.com.cn

概述

装配式建筑具有提高建筑整体质量、提高效率、缩短工期、节约材料、节能减排环保、节省劳动力并改善劳动条件、提高安全性和有利冬季施工等优点。然而，当下我国装配式建筑处于发展的初期，存在许多问题，并没有达到增效降本的效果，这已经违背了市场经济的利导性原则。研究和降低装配式建筑的成本，是目前我国装配式建筑健康快速发展所面临的至关重要的问题。

目前国内很多学者已经注意到了装配式建筑的高造价问题，张红霞等[1]采用了全生命周期成本的研究方法，对比分析了传统现浇住宅建筑和装配式混凝土住宅建筑的经济性，发现装配式混凝土结构住宅在低层建筑中比传统现浇造价要高，没有体现出经济上的优势。潘俊丰[2]也验证了我国装配式建筑住宅在成本上面，比传统现浇投入要大很多。王爽等[3]通过对装配式建筑和传统现浇建筑的分项工程中土建工程造价的构成进行比较分析，总结出直接工程费是决定装配式建筑造价的关键因素，必须通过削减预制构件的生产成本、运输成本与安装成本，方可有效降低装配式建筑造价，使其建设成本接近于传统现浇式建筑，甚至更低。顾浩声等[4]以一具体项目案例为对象，在国标装配率50%的目标设定下，定量研究了不同评价项对成本增量影响的大小。徐樱子等[5]通过公测定额的投资估算指标的方法，对装配混凝土结构住宅进行成本统计和分析，确定出预制率40%到50%时装配式混凝土结构住宅建筑的最优经济性预制率。

上海市为了建筑绿色发展，也为更进一步利于装配式建筑的发展，发布了《关于印发〈上海市装配式建筑单体预制率和装配率计算细则〉的通知》（沪建建材〔2019〕765号文）[6]，更加具体地细化了“构件”“体积”及“围护墙体”的范畴和定义，同时考虑了构件类型的影响，引入了修正系数，对装配式建筑的预制率和装配率计算进一步细化，使得装配式建筑的预制率和装配率计算更加科学。李伟兴等[7]和徐伟栋等[8]分别对该计算细则的内容和修编思路进行了解读。

本文以一个上海市的装配式混凝土高层住宅项目案例为研究对象，按照《上海市装配式建筑单体预制率和装配率计算细则》[6]（简称《计算细则》）分别考虑40%预制率和60%装配率，设计装配方案并进行造价计算，分别对比主体结构和围护墙中的各类预制构件，和不同的内装部品（技术）对建筑安装工程费用的影响，以及各自对预制率或装配率的贡献程度。

1 上海市预制率和装配率计算规则

根据《关于进一步明确装配式建筑实施范围和相关工作要求的通知》（沪建建材〔2019〕97号文）[9]，上海市的装配式建筑需满足单体预制率不低于40%或单体装配率不低于60%的要求。

根据《计算细则》的规定，建筑单体预制率是指混凝土结构、钢结构、竹木结构、混合结构等结构类型的装配式建筑单体±0.000以上主体结构、外围护中预制构件部分的材料用量占对应结构材料总用量的比重。计算单体预制率可以采用两种方法，分别是“体积占比法”（简称“方法一”）和“权重系数法”（简称“方法二”），计算公式如下：

（1）方法一（体积占比法）。

建筑单体预制率＝

$$\frac{\sum 预制构件体积 \times 构件修正系数}{构件总体积} \times 100\% \tag{1}$$

（2）方法二（权重系数法）。

建筑单体预制率＝

$$\sum[权重系数 \times \sum 构件修正系数 \times 预制构件比例] \tag{2}$$

在《计算细则》中，根据不同构件类型的工业化程度给出相应的修正系数，同时考虑集成技术的应用给予了相应的加分。在方法二中，预制构件比例是根据构件类型的特点采用中心线长度或投影面积进行统计的，而权重系数则是按不同的结构体系，分别给出了墙、柱/斜撑、梁、板和楼梯五类构件的比例系数。

建筑单体装配率是指建筑单体±0.000以上主体结构、外围护、内装部品（技术）中采用预制部品部件的综合比例，计算公式如下：

建筑单体装配率＝建筑单体预制率＋内装权重系数×$\sum$［内装部品（技术）修正系数×内装部品（技术）比例］ (3)

其中，内装权重系数为0.5，内装部品（技术）考虑了全装修、非砌筑内隔墙、室内墙面干法饰面、集成厨房、集成卫生间、装配式楼地面和管线分离。根据《上海市住房和城乡建设管理委员会〈关于进一步加强本市新建全装修住宅建设管理的通知〉》（沪建建材〔2016〕688号文）[10]，上海自2017年起外环线以内新建商品住宅和全市公共租赁住房就已经实施100%全装修。

2 工程实例背景

本项目为上海某常规高层混凝土住宅，地上18层，地下1层，建筑高度54.2 m，标准层层高2.95 m，标准层建筑面积350.47 m^2，地上建筑面积6308.46 m^2，采用装配整体式剪力墙结构，抗震设防烈度为7度，场地类别为Ⅳ类，抗震等级三级，混凝土采用C30，钢筋采用Ⅲ级钢。标准层建筑平面图如图1所示，其特点是套内几乎所有外窗均为凸窗。

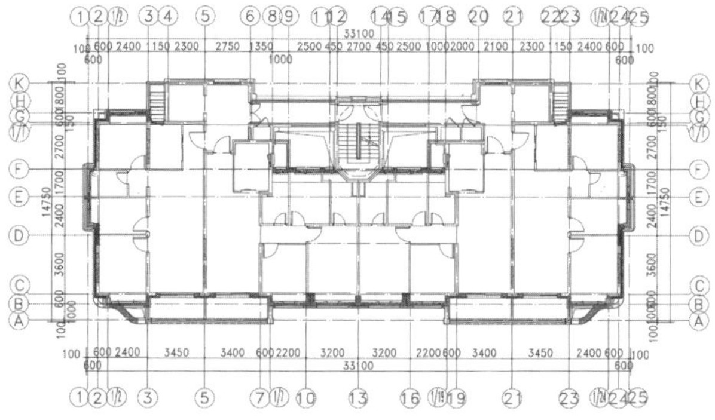

图1 标准层建筑平面图

为了对比不同装配方案的成本，先将原建筑方案按现浇结构进行设计，以现浇结构的建安成本作为对比的基准。按现浇混凝土剪力墙结构统计得到的工程量见表1。另外算得砌体外围护墙的工程量为0.020 m^3/m^2，砌体内隔墙的工程量为0.086 m^3/m^2，全楼混凝土体积2955.8 m^3。

表1 现浇结构材料用量

序号	构件类别	混凝土量/（m^3/m^2）	钢筋量/（kg/ m^2）	模板用量/（m^2/ m^2）
1	暗柱	0.082	7.941	0.763
2	剪力墙	0.072	3.986	0.668
3	梁	0.065	14.856	0.728
4	楼板	0.102	6.120	0.725
5	楼梯	0.009	1.142	0.063
6	阳台	0.005	0.370	0.044
7	凸窗	0.097	5.401	0.708
合计		0.432	39.816	3.699

3 建筑安装工程费用测算方法

装配式建筑和传统现浇两者的最大区别在于建筑安装工程费用，因此本文将主要对比建筑安装工程费，采用综合单价法进行计算。

对于现浇混凝土结构，不同构件钢筋的综合单价为5.9～6.2元/kg，模板的综合单价差别较大，从65.0元/ m^2 到227.3元/ m^2 不等，混凝土的综合单价为806.5元/ m^3，砌体的综合单价为655.0元/ m^3。按现浇混凝土结构算得的单位建筑安装工程费用为1042.7元/ m^2，详见表2。现浇结构中各类构件的单位建筑安装工程费用的相对关系见图2。由图2可见，在主体结构和围护墙中，竖向构件即剪力墙和暗柱端柱占比最大，其次是梁，本项目凸窗较多且均采用混凝土，其建筑安装工程费用接近楼板。

预制构件的综合单价由构件信息价和安装及配套措施成本组成。预制构件的价格来源于上海市工程建设质量管理协会预制构件专业委员会2022年1月发布的指导价[11]（到工地价格），见表3。

表 2　现浇建造方式的单位建筑安装工程费用

构件		暗柱端柱	剪力墙	梁	楼板	楼梯	阳台板	凸窗	外围护墙	内隔墙	合计
材料用量	钢筋/(kg/ m^2)	7.941	3.986	14.856	6.120	1.142	0.370	5.401			39.814
	模板/(m^2/m^2)	0.763	0.668	0.728	0.725	0.063	0.044	0.708			3.699
	混凝土/(m^3/m^2)	0.082	0.072	0.065	0.102	0.009	0.005	0.097			0.433
	砌体/(m^3/m^2)								0.040	0.086	0.126
综合单价	钢筋/(元/kg)	5.9	6.0	5.9	6.1	6.1	6.0	6.2			
	模板/(元/m^2)	121.0	65.2	115.9	90.6	227.3	65.0	115.9			
	混凝土/(元/m^3)	806.5	806.5	806.5	806.5	806.5	806.5	806.5			
	砌体/(元/m^3)								655.0	655.0	
成本	钢筋/(元/m^2)	47.1	23.8	87.2	37.1	6.9	2.2	33.5			237.8
	模板/(元/m^2)	92.3	43.6	84.3	65.7	14.3	2.9	82.0			385.1
	混凝土/(元/m^2)	66.1	58.1	52.4	82.3	7.3	4.0	78.6			348.8
	砌体/(元/m^2)								26.2	56.3	82.5
小计/(元/m^2)		205.5	125.5	223.9	185.1	28.5	9.1	194.1	26.2	56.3	1054.2

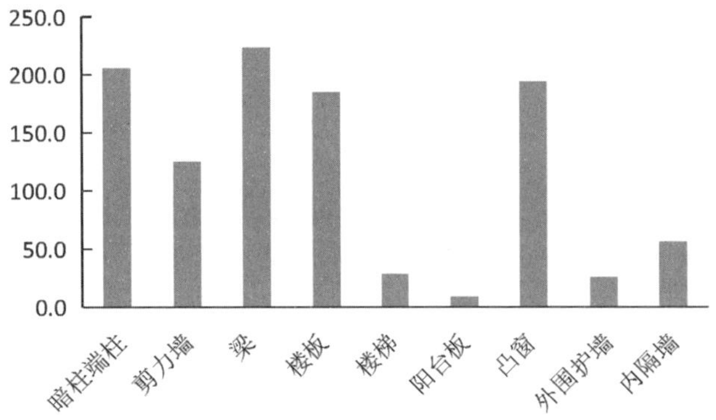

图 2　现浇结构中各类构件的单位建筑安装费用/(元/m^2)

用不同装配方案中各部分的预制构件代替原结构中相应的混凝土部分或砌体部分，然后分别根据预制构件的综合单价和剩余现浇部分混凝土或砌体的综合单价，就可以算出各个装配方案的建筑安装工程费用。

4　装配方案设计

考虑到底下两层是底部加强区，不宜做竖向构件，另外兼顾预制构件的供货速度，所以本项目只在3～18层设计预制构件。先按尽量多做水平构件的方向进行拆分，得到的装配方案中各部分预制构件的体积见表4。根据《计算细则》的规定，计入预制率的构件体积并不等于实际预制构件的体积，一是各类构件需根据其特点乘以相应的修正系数；二是计入预制率的构件体积可以不扣门窗洞口；三是预制剪力墙墙板间不大于300 mm的水平后浇带和圈梁的后浇混凝土均可以计入预制构件。另外，本项目采用夹心保温外墙的方案，还有部分外围护填充墙替换成了预制墙，所以相较原现浇混凝土结构方案，混凝土部分还多了外叶板的体积和PC非承重围护墙的体积，这两部分计入预制率的体积分别为59.59 m^{3}和187.05 m^3，合计246.64 m^3。

表 3　上海市 2022 年 1 月预制构件价格信息

序号	名称	构件信息价(含税单价)/(元/m^3)	安装及配套措施成本/(元/m^3)	综合单价/(元/m^3)
1	PC 夹心保温外墙板	5004.63	900	5904.63
2	PC 预制剪力墙	3768.38	800	4568.38
3	PC 预制叠合板	3902.88	600	4502.88
4	PC 预制楼梯	3717.79	550	4267.79
5	PC 预制阳台板	3822.68	600	4422.68
6	PC 预制凸窗	4839.42	700	5539.42

表 4 预制构件体积统计(方法一)

部位	构件	标准层体积/m^3	总体积/m^3	计入预制率的体积/m^3
竖向构件	外围承重墙	7.85	125.60	138.53
	非承重围护墙	5.10	81.60	204.76
	内剪力墙	4.10	65.60	69.38
	凸窗	22.18	354.88	675.39
水平构件	叠合板	11.44	183.04	184.72
	楼梯	1.60	25.60	23.04
	阳台板	1.08	17.28	15.60
合计		53.35	853.60	1311.42

采用装配式建造方式后，混凝土部分的总体积为(2955.8+264.63) m^3 =3220.43 m^3。采用方法一计算得出的预制率为 1311.42/3220.43×100%=40.7%。

同样的装配方案采用方法二计算时，各类型预制构件比例见表 5，算得的预制率仅为 33.4%。

表 5 预制率计算(方法二)

序号	预制构件类型	技术工艺类别	预制比例	权重系数	小计
1	混凝土墙	全预制墙	37.29%	0.55	0.205
2	梁	叠合梁	4.37%	0.1	0.004
3	楼板	非免撑叠合板	28.95%	0.3	0.087
4	楼梯	免撑全预制板	75.52%	0.05	0.038
合计	0.334				

可见，对于类似外围凸窗比较多的高层装配整体式混凝土剪力墙结构而言，采用方法一计算预制率比方法二更容易满足 40%预制率的要求。这是由于凸窗的计算体积达到总的预制构件计算体积的 51.5%，占比较大。如果用方法二，计算凸窗预制比例时，仅按凸窗对应部位主体结构墙面中心线长度计算，且由于未采取墙体连同上下板整体预制的形式，也无法乘以 1.3 倍的放大系数，导致凸窗在预制率中的贡献不如方法一。

5 经济性分析

根据表 1 可以算出各类构件当采用现浇方式建造时的单方综合单价。用表 4 中预制构件的体积替换现浇部分的体积，再结合表 3 中预制构件的综合单价，就可以算出采用装配式建造方式时的建筑安装工程费用，如表 6 所示。折算出按建筑面积的建筑安装工程费用为 9 283 907/6308.46 元/m^2 = 1471.66 元/m^2，比现浇方式增加了(1471.66 − 1054.20)元/m^2 = 417.46 元/m^2。

装配式结构中各类构件(包括其预制和现浇部分)的建筑安装工程费用的对比见图 3。对比图 2 和图 3 可见，在本项目中，相对于现浇结构，装配式结构中的暗柱端柱和梁均采用现浇，内隔墙也未采用预制条板内隔墙，这部分的建筑安装工程费用没有变化。楼梯和阳台体量不大，而且预制楼梯的综合单价相对于现浇楼梯增加的幅度不大，所以这两部分对总的建筑安装工程费用的增加贡献不大。剪力墙和楼板在部分采用预制后，费用增加了约 45%。对建筑安装工程费用影响最大的是凸窗和外围护墙，这是由于，一方面预制凸窗相对于现浇混凝土的综合单价提高很多，外围护墙从砌体变为预制夹心保温混凝土墙，综合单价更是从 655 元/m^3 提高到 5735.88 元/m^3；另一方面，由于采用预制夹心保温混凝土墙，增加了外叶板，混凝土部分的体积比原现浇结构要增加一些。

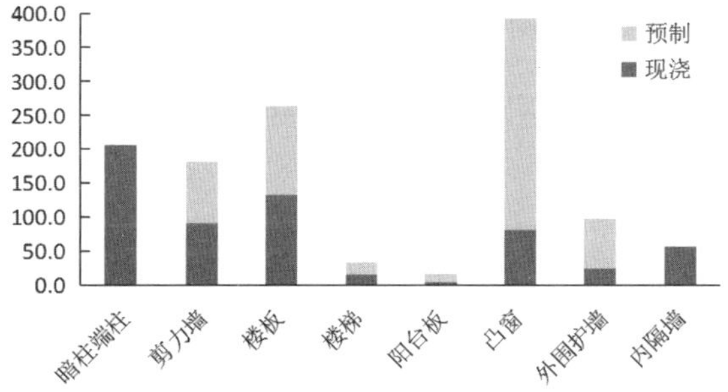

图 3 装配式结构中各类构件的建筑安装费用/(元/m^2)

对比剪力墙、楼板、阳台板、凸窗、外围护墙这几类构件采用预制后分别对预制率的贡献和其增加的费用在总的增加费用中的占比，得到图 4。如果对预制率的贡献占比超过其在增加费用中的占比，则认为优先采用该类构件预制会更具有经济性。总体来说，各类构件采用预制后在建筑安装工程费用增量的占比与其对预制率的贡献占比基本匹配，但也可以看出，对于上海地区的预制率计算规则来说，优先采用剪力墙、凸窗以及楼梯类的构件进行预制，性价比会更高一些。另外，图 4 中的折线代表每增加 1%

表 6 装配式结构的建筑安装工程费用

序号	构件	体积/m^3	预制体积/m^3	现浇体积/m^3	预制综合单价/(元/m^3)	现浇综合单价/(元/m^3)	小计/元
1	暗柱端柱	517.92	0.00	517.92		2503.73	1 296 743
2	剪力墙	453.58	125.60	327.98	4568.38	1744.19	1 145 844
3	梁	410.05	0.00	410.05		3445.66	1 412 893
4	楼板	645.36	183.04	462.32	4502.88	1809.10	1 660 580
5	楼梯	56.78	25.60	31.18	4357.42	3167.78	210 309
6	阳台板	31.54	17.28	14.26	4469.77	1819.57	103 189
7	凸窗	611.92	354.88	257.04	5539.42	2000.66	2 480 080
8	外围护墙	252.34	81.60	230.33	5735.88	655.00	618 913
9	内隔墙	542.53	0.00	542.53		655.00	355 356
合计							9 283 907

注：增加的外叶板体积计入外围护墙。

的预制率需要增加的单位面积费用，例如对于楼梯构件，每提供 1%的预制率贡献，只需要增加 6.7 元/m^2，但对于叠合楼板构件，每提供 1%的预制率要增加 13.6 元/m^2 的建筑安装工程费用。因此，在进行装配方案设计时，从经济性角度而言，各类预制构件和围护墙的优先选择次序：预制楼梯＞预制剪力墙＞预制凸窗＞预制外围护墙＞预制叠合楼板＞预制阳台。

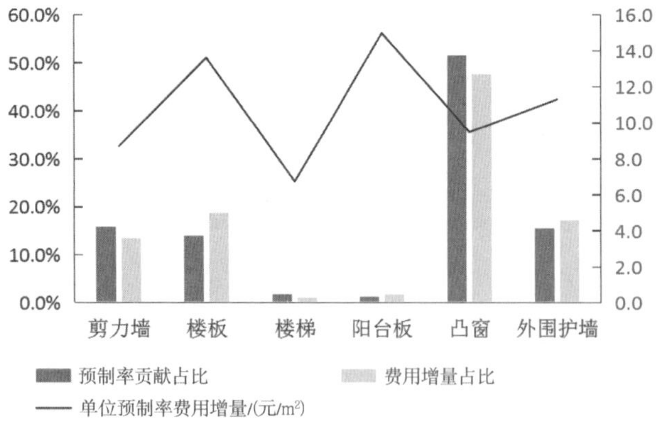

图 4 各类构件预制率贡献和费用增量占比

根据《计算细则》，装配率是在单体预制率的基础上再考虑内装部品(技术)中采用预制部品部件的综合比例。可计入内装部品(技术)的有全装修、非砌筑内隔墙、室内墙面干法饰面、集成厨房、集成卫生间、装配式楼地面和管线分离。目前上海所有商品房和公共租赁住房均实施全装修，因此采用装配式建造的住宅采用全装修并不会引起建筑安装工程费用的增量。室内墙面干法饰面在住宅中应用较少，价格和装修的档次相关差别很大，管线分离取决于具体的实施方式，引起的费用增量差别也很大，本文仅比较非砌筑内隔墙、集成厨房、集成卫生间和装配式楼地面的经济性。非砌筑内隔墙一般采用 ALC 条板墙，综合单价按 1200 元/m^3 考虑，用来代替砌筑内隔墙时的费用增量为(1200－655)元/m^3＝545 元/m^3。集成厨房和集成卫生间主要指墙面、顶面、地面以及家具设备设计集成、工厂加工，在现场通过干法装配施工而成的厨房和卫生间，经市场调研，一般集成厨房和集成卫生间的成本增量约 310 元/m^2，装配式楼地面的成本增量约 170 元/m^2。

考虑 50%的砌筑内隔墙采用 ALC 条板墙代替。全部厨房和卫生间均采用集成厨房和卫生间，采用集成吊顶和干式墙面的方式，采用干法施工的应用比例一般约 80%。装配式楼地面在户内所有的卧室和客餐厅均采用。但由于阳台和公区一般不采用装配式楼地面，按照《计算规则》，即使扣除厨房卫生间，应用比例也仅为 68%。算得的各类内装部品(技术)形成的装配率，以及引起的单位面积费用增量见表 7。

表 7　内装部品(技术)经济性对比

序号	部品技术类别	内装修正系数	内装比例	装配率	实施面积/m^2	单位面积费用增量/(元/m^2)	单位装配率费用增量/元
1	全装修	0.25	100%	0.125			
2	非砌筑内隔墙	0.1	50%	0.025	271.3	23.44	9.37
3	集成厨房	0.1	80%	0.04	388.1	19.07	4.77
4	集成卫生间	0.1	80%	0.04	440.3	21.64	5.41
5	装配式楼地面	0.05	68%	0.017	3742.1	100.84	59.07

装配率和实施面积呈线性关系，所以单位装配率的建筑安装工程费用增量与应用比例无关。由表 7 可知，如果采用装配率算法，全装修可以提供 12.5% 的装配率，且无增量成本。非砌筑内隔墙每提供 1% 的装配率，引起 9.37 元/m^2 的建筑安装工程费用增量，仅高于预制楼梯和剪力墙的单位预制率费用增量。集成卫生间和集成厨房的面积在总建筑面积中占比较小，引起的费用增量有限，但实施起来比例较高，因此同样增加 1% 的装配率，采用集成厨房和集成卫生间的费用增量是最低的。而装配式楼地面的内装修正系数较低，实施起来面积又大，总的费用增加较多，却无法提供太多装配率，造成装配式楼地面的单位装配率费用增量达到 59.07 元/m^2，远超过了所有主体结构构件和围护构件采用预制混凝土引起的单位预制率费用增量，而且即使采用装配式楼地面，建筑面积每平方米要增加 100.84 元的建筑安装工程费用，也仅仅能提供 1.8% 的装配率。

根据以上分析可知，如选择装配率 60% 作为设计目标，内装部品(技术)的优先选择顺序是全装修＞集成厨房＞集成卫生间＞非砌筑内隔墙。但是，即使这几项技术都采用，也仅能增加 23% 的装配率，却要增加建筑安装工程费用 64.14 元/m^2。由于上海市沪建建材〔2019〕97 号文要求预制率达到 40% 或装配率达到 60% 中的一个条件即可。如要满足 60% 装配率，还需要主体结构和围护墙提供 37% 的预制率。由图 4 可知，37% 预制率的方案比 40% 预制率的方案带来的费用节省不超过 45 元/m^2，却要增加 64.14 元/m^2 采用内装部品(技术)的费用，所以采用装配率计算的方案不如同条件下仅采用预制率进行计算的方案。

6　结论与建议

对于上海市的装配式项目，要求达到预制率 40% 或装配率 60%。本文以一个 18 层的典型混凝土高层住宅为例，以现浇结构作为对比的基准，分别考虑了 40% 预制率和 60% 装配率的方案，分析比较了主体结构、围护墙中各个构件和各种内装部品(技术)的经济性。通过对比分析，得出以下结论：

(1)现浇混凝土高层住宅的建筑安装工程费用约 1054.2 元/m^2，采用装配式建造方式并满足 40% 的预制率时，增加的建筑安装工程费用约 417.5 元/m^2。

(2)对于采用夹心保温且带有大量凸窗的装配整体式剪力墙高层住宅类结构，采用方法一计算出 40% 预制率的装配方案，采用方法二时仅算得 33.4%，方法一比方法二更具有优势。

(3)单从经济性角度考虑，各类预制构件和围护墙的优先选择次序：预制楼梯＞预制剪力墙＞预制凸窗＞预制外围护墙＞预制叠合楼板＞预制阳台。

(4)内装部品(技术)的优先选择顺序是全装修＞集成厨房＞集成卫生间＞非砌筑内隔墙。

(5)对于上海市的混凝土高层住宅，采用 60% 装配率评价会比采用 40% 预制率评价带来更高的建筑安装工程费用，从经济性角度而言，目前的《计算细则》不利于装配式装修的推广应用，尤其对于装配式楼地面，这也是《计算细则》实施以来实际项目中装配式装修还非常罕见的原因。

建议今后对《计算细则》修订时能从经济性角度考虑，提高装配式内装部品(技术)应用的得分比例，特别是合理加大装配式楼地面的得分，从而更好地推动装配式装修的发展。

参考文献

[1] 张红霞，徐学东. 装配式混凝土住宅全生命周期经济性对比分析[J]. 新型建筑材料，2013(05)：93-96.

[2] 潘俊丰. 基于全生命周期理论的装配式住宅经济性研究[J]. 中小企业管理与科技(上旬刊)，2018(07)：52-53.

[3] 王爽，王春艳. 装配式建筑与传统现浇建筑造价对比浅析[J]. 建筑与预算，2014(07)：26-29.

[4] 顾浩声，谭礼，金瑞珺. 装配式混凝土住宅成本敏感度分析[J]. 建筑结构，2020,51(S1)：1092-1097.

[5] 徐樱子，房小小，高新南，等. 装配式混凝土结构住宅经济性研究[J]. 价值工程，2020，39(14)：144-147.

[6] 上海市住房和城乡建设管理委员会. 关于印发《上海市装配式建筑单体预制率和装配率计算细则》的通知(沪建建材〔2019〕765 号)[EB/OL]. http://jsjtw.sh.gov.cn/zjw/jsgl/20191216/71791.html.

[7] 李伟兴，徐伟栋，刘琛.《上海市装配式建筑单体预制率和装配率计算细则》文件修编思路及新旧内容对比解读[J]. 建筑结构,2020，50(17)：1-6.

[8] 徐伟栋，符宇欣，顾浩声.《上海市装配式建筑单体预制率和装配率计算细则》文件新增内容解读[J]. 建筑结构，2020，50(17). 7-12.

[9] 上海市住房和城乡建设管理委员会. 关于进一步明确装配式建筑实施范围和相关工作要求的通知(沪建建材〔2019〕97 号)[EB/OL]. https://zjw.sh.gov.cn/jsgl/20190221/0011-56418.html.

[10] 上海市住房和城乡建设管理委员会. 关于进一步加强本市新建全装修住宅建设管理的通知(沪建建材〔2016〕688 号)[EB/OL]. http://abias.org.cn/bszn/201811/954.html.

[11] https://zhaopc.cn/pcprice/2022-1.html.

装配式混凝土建筑装配率指标的计算方法研究

钟春玲，杨东澎，张梦情，武金宝，刘喆

（吉林建筑大学经济与管理学院，吉林 长春 130118）

【摘要】 根据国家和地方标准，对装配式建筑评价指标应用情况进行研究，剖析装配率指标的应用现状。研究发现，同一个项目按照不同的评价标准所得的装配率有所不同，主要受到主体结构计算、非承重墙计算、集成厨房和卫生间计算以及 BIM 应用等的影响。本研究可为各省市出台装配式建筑评价标准提供参考。

【关键词】 装配式建筑；评价指标；装配率；预制率

Research on the Calculation Method of Assembly Rate Index of Prefabricated Concrete Building

ZHONG Chunling，YANG Dongpeng，ZHANG Mengqing，WU Jinbao，LIU Zhe

（*School of Economics and Management*，*Jilin Jianzhu University*，*Changchun* 130118，*China*）

Abstract：According to the national and local standards，this paper analyzes the present application situation of prefabricated construction evaluation index，and analyzes the present application situation of assembly rate index. The results show that the assembly rate calculated by different evaluation criterion varies for the same project，the reason of which mainly comes from the main structure calculation，the nonbearing wall calculation，integrated kitchen and toilet calculation and the other influence factors such as BIM application. Provides reference for the introduction of prefabricated building evaluation standards in other provinces and cities.

Keywords：prefabricated building；evaluation standards；prefabrication ratio；prefabricated rate

【中图分类号】 TU723 **【文献标识码】** A **【文章编号】** 1002-851X(2021)03-0019-06

【DOI】 10.14181/j.cnki.1002-851x.202103019

【引用本文】 钟春玲，杨东澎，张梦情，等.装配式混凝土建筑装配率指标的计算方法研究[J].建筑经济，2021，42(3)：19-24.

【基金项目】 吉林省科技厅项目(2019061070FG)

【作者简介】 钟春玲，女，生于 1973 年，吉林长春人，教授。研究方向：建筑工程管理

【收稿日期】 2020-03-24

装配率指标作为装配式建筑评价体系中的重要一环，是实现建筑工业化的重要保障，也是政府对发展装配式建筑进行鼓励和支持的依据。为推动装配式建筑健康发展，住房和城乡建设部发布了《装配式建筑评价标准》(GB/T 51129—2017，以下简称为《住建标准》)，通过限制分值、装修和装配率来明确是否

为装配式建筑，并通过装配率大小给出装配式建筑的评价等级。在《住建标准》的基础上，各地出台了相应的评价方法和评价指标。北京发布了《北京市发展装配式建筑 2017 年工作计划》(京政办发〔2017〕8 号，以下简称《北京标准》)，明确指出装配式混凝土结构单体建筑应同时满足预制率和装配率的要求；珠海发布了《关于印发珠海市装配式建筑单体预制率和装配率计算细则(试行)的通知》(珠规建质〔2017〕134 号，以下简称《珠海标准》)，使用装配率或者预制率进行装配式建筑的评价。

各地标准中装配率的计算方法不同，使得装配式建筑的评价较为混乱，在一定程度上制约了装配式建筑的发展。本文主要研究装配率的计算方法及其对装配式建筑的评价结果的影响，为各省市出台装配式建筑评价标准提供参考。

1 装配式建筑评价指标的一般要求

各地装配式建筑的评价手段和方法不尽相同，有的仅以装配率作为评价指标，有的以预制率作为评价指标，也有的以装配率和预制率共同作为评价指标。本文以《住建标准》《北京标准》《珠海标准》为例，研究装配式建筑的评价要求。本文中装配率是指计算范围内建筑采用预制部品部件的综合比例，预制率是指结构构件采用预制混凝土构件的混凝土用量占全部混凝土用量的体积比。装配式建筑评价的范围、所采用的指标、评价方法及一般规定如表 1 所示。

表 1 装配式建筑评价一般要求

评价内容		《住建标准》	《北京标准》	《珠海标准》
适用范围		民用建筑	工业建筑、民用建筑、公共建筑	无限制
评价指标		装配率	装配率、预制率	装配率或预制率
评价方法		根据装配率分为 A 级、AA 级、AAA 级	以装配率和预制率数值进行评价	以装配率数值进行评价
一般要求	分值划分	主体结构 50 分； 围护墙和内隔墙 20 分； 装修和设备管线 30 分	外围护墙 22 分； 内隔墙 22 分； 全装修 10 分； 公共区域装配化装修 10 分； 卫生间 10 分； 厨房 10 分； 管线与支撑体分离 12 分； BIM 应用 4 分	建筑单体装配预制率； 部品装配率； 附加工业化技术
	分值要求	主体结构部分的评价分值≥20 分； 围护墙和内隔墙部分的评价分值≥10 分； 全装修≥6 分	外围护墙非砌筑≥11 分； 内隔墙非砌筑≥11 分； 全装修≥10 分	
	装配率、预制率要求	装配率≥50%； 竖向构件得分要求比例≥35%； 水平构件得分要求比例≥70%	装配率≥50%； 高度≤60 m 时预制率≥40%，高度>60 m 时预制率≥20%； 水平构件采用预制构件、免支模比例≥70%	建筑单体预制率不低于 20%或单体装配率不低于 40%； 建筑单体装配预制率不得小于 15%

从表1可以看出,《住建标准》适用于民用建筑,将装配式建筑分成A、AA、AAA三种级别;《北京标准》适用于工业建筑、民用建筑和公共建筑,以装配率和预制率数值进行评价;《珠海标准》适用于所有建筑,以装配率或预制率数值进行评价。各标准对于装配率和预制率都有不同程度的最低要求。在具体工程中,由于采用的评价标准不同,装配率和预制率的计算方法存在差异,不能单以装配率或预制率来评价装配式建筑的发展。

2 装配率的计算及应用

2.1 《住建标准》及应用

《住建标准》装配率计算见式(1)。

$$P=\frac{Q_1+Q_2+Q_3}{100-Q_4}\times 100\% \tag{1}$$

式中,P 代表装配率;Q_1、Q_2、Q_3 分别代表主体结构、围护墙和内隔墙、装修和设备管线的得分值;Q_4 代表项目缺少的评价项总分值,注意,Q_4 是建筑不存在的功能,不是没做的评价项内容。在学校教学楼中,无厨房这种建筑功能,则 $Q_4=6$;卫生间没有采用干式工法地面,则该项评分为0,但不能在 Q_4 中扣除该项分数。

《住建标准》将评分项分为3部分11项,如图1所示。主体结构分为2项,合计50分,最低要求20分,其中竖向构件占30分且其应用比例不低于35%,非竖向构件占20分且其应用比例不低于70%;围护结构分为4项,合计20分,最低要求10分,每项最高分5分;装修和设备管线分为5项,合计30分,必须全装修,每项最高分6分。通过预制部品应用比例计算各项得分值,汇总得出装配率,根据装配率数值大小将装配式建筑分为无级别、A级、AA级和AAA级,如表2所示。

分析表明,《住建标准》注重主体结构装配化,尤其是竖向构件装配化。按照评分规则,竖向承重构件装配化应用比例达到35%及以上时,可以获得最低20~30分。《住建标准》对于主体结构装配化的推动作用更明显。

2.2 《北京标准》及应用

《北京标准》装配率计算见式(2)。

$$装配率=\frac{\sum Q_i}{100-q}\times 100\% \tag{2}$$

式中,Q_i、q 分别代表各指标得分值、缺少的评价内容的总分值。

《北京标准》预制率:标高在±0.000以上,预制结构构件部分的混凝土使用量体积和全部混凝土用量的体积比,按式(3)计算。

$$预制率=\frac{V_1}{V_1+V_2}\times 100\% \tag{3}$$

式中,V_1、V_2 分别代表标高在±0.000以上预制结构构件的体积、现浇结构构件的体积。

《北京标准》中将评分项分为8部分15项,如图2所示。《北京标准》未提及主体结构,以内外墙体、管线和装修作为评分依据。外围护墙分为2项,合计22分,且非砌筑比例≥80%;内隔墙分为2项,合计22分,且非砌筑比例≥50%;全装修占10分;干式工法分为公共区域、卫生间和厨房三个部位赋分,每个部位最高6分,即干式工法最高可达18分;集成管线和吊顶也分为公共区域、卫生间和厨房三个部位赋分,每个部位最高4分,即集成管线和吊顶最高可达12分;管线分离分为电、水、暖三个部位赋分,每个部位最高4分,即管线分离最高可达12分。

《北京标准》规定,装配式混凝土建筑不仅要满足装配率的要求,还要满足预制率的要求,且水平构件采用预制(叠合)构件或免支模的应用比例应不低于70%。通过分析可以看出,《北京标准》强调水平构件装配化,同时着力推动墙体非砌筑和干法作业,对设计阶段的建筑信息技术(BIM)应用也给予了相应的赋分。

2.3 《珠海标准》及应用

《珠海标准》装配率计算见式(4)。

$$装配率=装配预制率+部品装配率+附加工业化技术 \tag{4}$$

2.3.1 装配预制率

$$装配预制率(不含非砌筑内隔墙)=\frac{\sum(标准层中预制混凝土构件总体积\times 对应系数)}{标准层中全部混凝土构件总体积} \tag{5}$$

各预制构件所占系数:飘窗1.2、空调板1.2、楼梯1.2、楼板1.2、阳台1.2、柱1.0、梁1.0、墙体(除非砌筑内隔墙)1.0、女儿墙1.0、其他预制构件1.0、预制非砌筑内隔墙0.5。

2.3.2 部品装配率

部品装配率计算包含预制非砌筑内隔墙、集成式厨房、集成式卫生间、单元式幕墙、全装修五项。计算公式如下:

$$部品装配率=\sum(部品权重\times 部品比例)\times 100\% \tag{6}$$

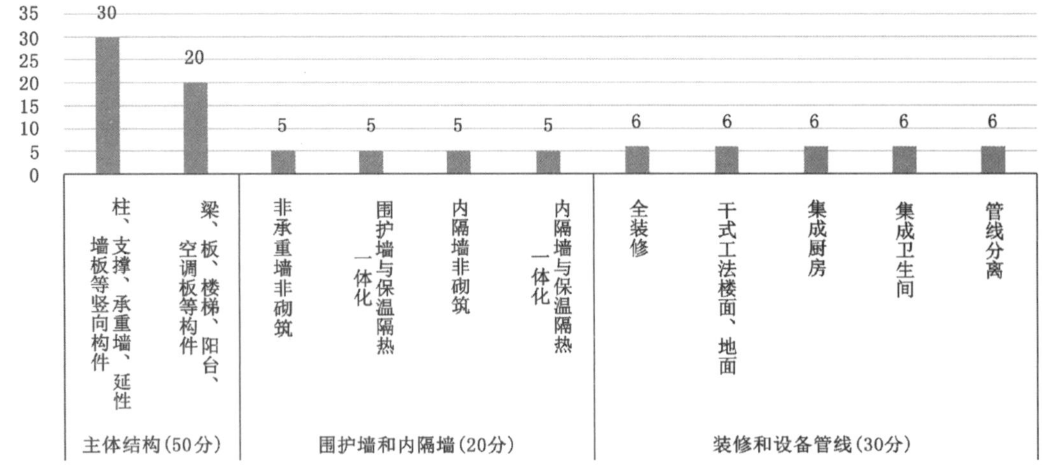

图1 《住建标准》装配率计算各项分值分布

表2 《住建标准》装配式建筑等级评定

装配率	P＜50％	50％≤P＜60％	60％≤P≤75％	76％≤P≤90％	P≥91％
装配式建筑等级	非装配式	无级别装配式	A级装配式	AA级装配式	AAA级装配式

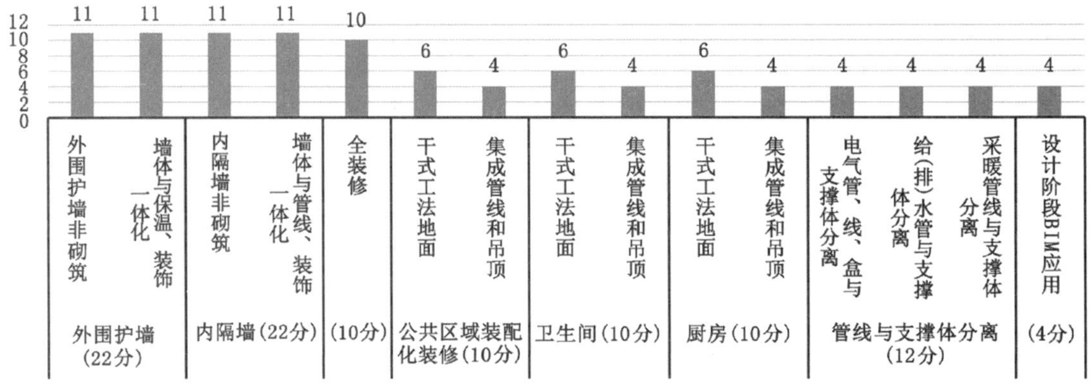

图2 《北京标准》装配率计算各项分值分布

部品权重：预制非砌筑内隔墙0.18、全装修0.12、单元式幕墙0.04、集成式厨房0.03、集成式卫生间0.03。

2.3.3 附加工业化技术

包括结构与保温一体化等十二项工业化技术，其应用比例达到各自比例要求规定时，每项可直接加0.01分到0.04分不等。

《珠海标准》要求装配率或预制率中一个即可。《珠海标准》仅对结构构件中墙体、柱、梁、楼板、飘窗、空调板、阳台、女儿墙、走廊、花槽、休息平台等预制混凝土构件计算预制率，预制率必须大于15％。由预制非砌筑内隔墙、全装修、单元式幕墙、集成式厨房和集成式卫生间五项部品比例及各权重系数可得出建筑部品装配率，再叠加单体装配预制率从而得出建筑单体装配率。《珠海标准》对于推广预制飘窗、空调板、阳台、楼梯和楼板应用具有较大倾斜。

2.4 对比分析

各地标准是在《住建标准》基础上进行的细化和改进。采用不同的地方标准对装配式建筑进行评价存在较大差异。

2.4.1 适用范围及计算指标不同

适用范围上，《住建标准》适用于评价民用建筑的装配化程度，《北京标准》同时适用于工业建筑、民用建筑、公共建筑，《珠海标准》为通用标准。

计算指标上，《住建标准》仅采用装配率评价建筑的装配化程度，《北京标准》需要同时满足装配率和预制率的要求，《珠海标准》要求装配率或预制率中一个即可。

2.4.2　评价过程不同

《住建标准》先通过预制部品应用比例来计算出得分值，再根据得分值整合出装配率，最后根据装配率将装配式建筑分成 A、AA、AAA 三种级别。

《北京标准》仅通过预制部品应用比例计算出得分值，再通过得分值整合出装配率。对于结构构件采用预制混凝土构件的装配式建筑，直接用预制构件的混凝土用量和全部混凝土用量的体积比求出预制率即可。

《珠海标准》中预制率用乘以系数后的预制混凝土构件和全部混凝土构件的总体积之比即可求出。装配率则首先算出装配预制率，再求出部品装配率，最后令装配预制率与部品装配率和附加工业化技术相加得到装配率。

2.4.3　各评价项赋分的最低要求比较

各标准对于评价项中赋分的最低要求是不尽相同的，具体见表 3。

表 3　装配式建筑评价项赋分最低标准比较

项目	《住建标准》	《北京标准》	《珠海标准》
非承重墙非砌筑	80%	80%	
围护墙和保温、隔热、装饰一体化/内隔墙与管线、装修一体化/内隔墙非砌筑	50%	50%	
集成厨房/集成卫生间	70%	70%	
干式工法楼地面	70%	60%	

从表 3 可以看出《珠海标准》对于各项没有详细明确的要求。《住建标准》和《北京标准》对于各个评价项的着重点基本相同，《住建标准》对于干式工法楼地面要求更为严格一些。

2.4.4　装修和设备管线评价项划分精度和对全装修的要求不同

《北京标准》将装修中的公共区域装配化装修、卫生间和厨房分别给出了干式工法楼地面、集成管线和吊顶作为评价项，即分成 6 小项；而《住建标准》则是将各个区域的楼地面放在一起进行评价，只有一个大项；《珠海标准》部品权重一共五大项，全装修、集成厨房、集成卫生间都属于装修类项目，其中全装修占据较大比重。《北京标准》对于装配式建筑装修评价项的划分明显更为细致。

《住建标准》中规定装配式建筑应采用全装修，而《北京标准》和《珠海标准》并没有强制要求装配式建筑必须采用全装修。

2.5　算例分析

2.5.1　项目概况

某普通商品住宅楼，建筑面积约 12 000 m^2，建筑高度为 80 m，地上 27 层，层高 2.9 m，装配整体式剪力墙结构，装配方案为外墙全装配，内墙部分装配。结构构件混凝土体积计算结果见表 4。主体结构非竖向构件预制部分的水平投影面积为 8072.915 m^2，外围护墙非砌筑的表面积比为 100%，采用的预制夹心保温外墙板和预制外墙模板构件做法中的“保温”及“外装饰”已全部覆盖了建筑外墙外表面，集成厨房和卫生间的使用达到 100%，厨房和卫生间干式工法使用达到 100%。实施与结构分离的管线类别包括强电、弱电、通信、给水、排水和采暖，自集中管道井之外，所有竖向和水平布置的管线均实现了管线与结构（墙、板）、内隔墙分离，无“湿法”作业的地面垫层，管线分离实施率达到 100%。

表 4　结构构件混凝土体积

构件种类	使用楼层	混凝土体积/m^3
剪力墙总体积	1～27F	2232.8
预制剪力墙总体积	1～27F	1420.6
叠合板、阳台板、空调板、楼梯和梯梁现浇体积	1～27F	720.3
叠合板、阳台板、空调板、楼梯和梯梁预制体积	1～27F	579.6

2.5.2　采用《住建标准》计算装配率

（1）柱、支撑、承重墙等竖向构件：应用比例 $= V_{1a}/V \times 100\% = 1420.6/2232.8 = 63.62\%$，实际分值 $Q_{1a} = \left[20 + \frac{30-20}{80-35} \times (63.62-35)\right]$ 分 $= 26.36$ 分。下面计算方法用内插法计算的与此方法相同。

梁、板、楼梯、阳台、空调板等构件：应用比例 $= V_{1b}/V \times 100\% = 67.274\% < 70\%$，实际分值 $Q_{1b} = 0$ 分。

（2）本项目非承重围护墙非砌筑的表面积比为 100%，实得分值 $Q_{2a} = 5$ 分。

围护墙与保温、隔热、装饰一体化：本项目采用的预制夹心保温外墙板和预制外墙模板构件做法中的“保温”及“外装饰”已全部覆盖了建筑外墙外表面，实际分值 $Q_{2b} = 5$ 分。

内隔墙非砌筑：本项目内隔墙表面积见表 5。应用比例 $= A_{2c}/A_{w3} \times 100\% = 89.2\% > 50\%$，实得分

值 $Q_{2c}=5$ 分。

内隔墙与管线、装修一体化：$A_{2d}/A_{w4}\times100\%=71.1\%$，实得分值 $Q_{2d}=4.11$ 分。

表 5　内隔墙类型及其表面积

内隔墙类型	加气混凝土条板	轻钢龙骨隔墙	加气混凝土空心砌块墙	面积合计
表面积/m^2	116.6	115.77	28.05	260.4
说明	非砌筑墙体	非砌筑墙体	砌筑墙体	

(3)本项目采用全装修，集成厨房和卫生间的使用达到 100%，且干式工法楼地面应用达到 100%，管线分离实施率达到 100%。

将以上计算结果汇总，则该建筑各项得分如表 6 所示。

表 6　《住建标准》各项得分

序号	评价内容		得分
1	主体结构	柱、支撑、承重墙、延性墙板等竖向构件	26.36
		梁、板、楼梯、阳台、空调板等构件	0
2	围护墙和内隔墙	非承重围护墙非砌筑	5
		围护墙与保温、隔热、装饰一体化	5
		内隔墙非砌筑	5
		内隔墙与管线、装修一体化	4.11
3	装修和设备管线	全装修	6
		干式工法楼面、地面	6
		集成厨房	6
		集成卫生间	6
		管线分离	6

则该建筑装配率 $P=\dfrac{Q_1+Q_2+Q_3}{100-Q_4}\times100\%=75.74\%\approx76\%$。

根据计算结果，装配率符合 76%～90%，该项目评价为 AA 级装配式建筑。

2.5.3　采用《北京标准》计算预制率及装配率

预制率计算：由表 4 可得预制率 $Q=V_1/(V_1+V_2)\times100\%=57.3\%$。

装配率计算。

(1)外围护墙非砌筑：本项目外围护墙非砌筑的表面积比为 100%，实得分值 $Q_1=11$ 分。

(2)外围护墙采用墙体、保温(隔热)、装饰一体化：本项目采用的预制夹心保温外墙板和预制外墙模板构件做法中的"保温"及"外装饰"已全部覆盖了建筑外墙外表面，实得分值 $Q_2=11$ 分。

(3)内隔墙非砌筑：本项目内隔墙表面积见表 5。应用比例$=A_3/A_Q\times100\%=89.2\%>50\%$，实得分值 $Q_3=11$ 分。

(4)内隔墙采用墙体、管线、装修一体化：应用比例$=A_4/A_Q\times100\%=71.1\%$，实得分值 $Q_4=9.2$ 分。

(5)该项目采用"精装修交房"的标准，实得分值 $Q_5=10$ 分。本项目集成厨房和卫生间的使用达到 100%，厨房和卫生间干式工法使用达到 100%，并在设计阶段采用 BIM 技术进行辅助设计。

(6)公共区域干式工法地面占比：$A_6/A\times100\%=79.3\%$，实际分值 $Q_6=5$ 分。

经过计算，该建筑各项得分如表 7 所示。

$$装配率=\frac{\sum Q_i}{100-q}\times100\%=97.2\%。$$

表 7　《北京标准》各项得分

序号	评价内容		得分
1	外围护墙	非砌筑	11
		墙体与保温、装饰一体化	11
2	内隔墙	非砌筑	11
		墙体与保温、装饰一体化	9.2
3	全装修		10
4	公共区域装配化装修	干式工法地面	5
		集成管线和吊顶	4
5	卫生间	干式工法地面	6
		集成管线和吊顶	4
6	厨房	干式工法地面	6
		集成管线和吊顶	4
7	管线与支撑体分离	电气管、线、盒与支撑体分离	4
		给(排)水管与支撑体分离	4
		采暖管线与支撑体分离	4
8	BIM 应用	设计阶段	4
9	总分		97.2

2.5.4　采用《珠海标准》计算单体预制率和装配率

建筑单体预制率$=1768.82/3532.7\times100\%=50.07\%$，建筑单体装配预制率$=1396.82/2788.7\times100\%=50.08\%$。

由表5可得预制非砌筑内隔墙比例为(116.6+115.77)/260.4×100%=89.2%。该项目采用"精装修交房"的标准,集成厨房和集成卫生间的使用都达到100%。则可以求出部品装配率=(0.892×0.18+1×0.12+1×0.03+1×0.03)×100%=34.06%。

则建筑单体装配率=50.08%+34.06%=84.14%。

2.5.5 计算结果分析

由计算可知,同一个项目按照不同的评价标准所得的装配率有所不同,《住建标准》装配率为75.74%,《北京标准》装配率为97.2%,而《珠海标准》装配率为84.14%。

主体结构计算差异:《住建标准》要求比较高,其中梁、板、楼梯、阳台等主体结构非竖向构件应用比例须高于70%才给分;而《北京标准》虽不区分竖向构件和非竖向构件,仅由预制结构构件混凝土体积与总结构构件混凝土体积比计算出单体预制率,但其单独列出一项预制率作为主体结构的评价项,且要求建筑高度≤60 m时单体预制率≥40%;《珠海标准》只要求单体预制率≥20%,相比于《住建标准》和《北京标准》要求偏低。《北京标准》和《珠海标准》中加入了预制率控制指标,该项目《北京标准》预制率为57.3%,《珠海标准》预制率为50.07%。

非承重墙计算差异:《住建标准》用墙外表面积来计算,并且计算时不扣除预留洞口、门、窗等面积;《珠海标准》按照预制混凝土体积与总体积之比来计算。

集成厨房、卫生间计算差异:《住建标准》规定集成卫生间、厨房的应用比例用墙面、顶面和地面采用干式工法的面积进行计算;《珠海标准》采用集成厨房、集成卫生间数量的比例计算。《住建标准》更加能凸显出装配式建筑的特点,更具有针对性。《北京标准》没有明确各项的计算方法和依据。《北京标准》鼓励BIM技术应用,在设计阶段采用BIM技术增加4分。

3 结语

装配率计算可以因地制宜,各地根据产业链发展情况,制定适宜本地的装配率计算规则和评价标准并延长评价环节;但装配率数值应注明计算规则,目前国内各地计算规则不同,导致计算得出的装配率数值差异较大,在不注明计算规则的情况下容易产生混淆。尤其在建筑工程招投标活动中,须注明计算规则和验收的评价标准,避免产生纠纷。

参考文献

[1] 王凤来.装配式配筋砌块砌体建筑评价标准研究[J].建筑结构,2018,48(12):24-28.
[2] 张翼虎,姜太荣,于彬,等.严寒地区变电站土建工程的装配率计算方法研究[J].施工技术,2017,46(S2):1391-1394.
[3] 丁嘉卿,胡凯,陈云琪,等.装配整体式剪力墙结构预制率计算探讨[J].建筑结构,2016,46(S1):628-632.
[4] 北京市建筑设计院有限公司,北京市住房和城乡建设科技促进中心.北京市装配式建筑项目预制率和装配率计算说明及示例[EB/OL].(2017)https://bbs.zhulong.com/102050_group_200912/detail33185773/.

实训任务单 3

所属系部：　　　　　　　　　　　　编制人：　　　　　　　　　　　　编制日期：

课程名称	装配式建筑施工	项目名称	装配式混凝土建筑生产工艺与施工技术	任务名称	认知自动流水生产线、PC构件生产工艺	任务编号	3
实训班级		实训地点		实训学时	4	姓名	
实训目的	运用在装配式建筑施工课程中学到的知识，认知自动流水生产线，掌握PC构件生产工艺；通过本次实训技能训练，积累实践工作经验						

一、实训任务描述

(1)任务载体：ppt(四、装配式混凝土建筑生产工艺与施工技术的4.1构件生产与运输)、某PC工厂。

(2)完成实训任务单3：认知自动流水生产线、PC构件生产工艺。

二、实训指导、实训成果

(1)通过学习ppt(四、装配式混凝土建筑生产工艺与施工技术的4.1构件生产与运输)，认知自动流水生产线、PC构件生产工艺。

(2)通过参观某PC工厂车间，完成实训任务单3中的8个小题(每小题1分)。

三、考核标准

考核结果实行十分制，指导教师根据实际情况进行判定。

(1)考勤标准(2分)：能够按时出勤，不迟到、不早退，遵守实训纪律。

(2)成果标准(8分)：符合实训成果要求。

实训任务单 3（认知自动流水生产线、PC 构件生产工艺）

<table>
<tr><td>简述划线机的作用（1 分）
</td><td>简述养护窑的作用（1 分）
</td></tr>
<tr><td>答：</td><td>答：</td></tr>
<tr><td>请用手机扫描下图中的二维码表面标识，简述标识内容（1 分）

</td><td>简述振动台的作用（1 分）
</td></tr>
<tr><td>答：</td><td>答：</td></tr>
</table>

续表

简述PC构件生产线系统(1分)	简述自动流水生产线的养护系统一般包含哪几种PC构件生产设备(1分)
答:	答:
简述你在PC工厂车间见到了哪些PC构件生产设备、哪些PC构件(1分)	在混凝土浇筑前,应进行PC构件的隐蔽工程检查,简述检查项目应包括哪些内容[参考《装配式混凝土建筑技术标准》(GB/T 51231—2016),回答4条即可](1分)
答:	答:

实训任务单 4

所属系部：　　　　　　　　　　　　编制人：　　　　　　　　　　　　编制日期：

<table>
<tr><td>课程名称</td><td>装配式建筑施工</td><td>项目名称</td><td>“1＋X”装配式建筑构件制作与安装职业技能等级科目二实操考核</td><td>任务名称</td><td colspan="2">构件制作（构件生产）</td><td>任务编号</td><td>4</td></tr>
<tr><td>实训班级</td><td></td><td>实训地点</td><td></td><td>实训学时</td><td>4</td><td>姓名</td><td colspan="2"></td></tr>
<tr><td>实训目的</td><td colspan="8">运用在装配式建筑施工课程中学到的知识，完成“1＋X”装配式建筑构件制作与安装职业技能等级科目二实操考核（必考项），完成装配式建筑构件制作（构件生产）岗位技能实操平台实训及本实训任务单；通过本次实训技能训练，积累实践工作经验</td></tr>
</table>

一、实训任务描述

（1）任务载体：装配式建筑构件制作（构件生产）岗位技能实操平台、实操评分记录表（分组操作，单人评定：1～4 号考核人员）。

（2）完成实训任务单 4：构件制作（构件生产）（模具准备与安装、钢筋与预埋件施工）。

二、实训指导、实训成果

（1）完成“1＋X”装配式建筑构件制作与安装职业技能等级科目二实操考核（必考项），完成装配式建筑构件制作（构件生产）岗位技能实操平台实训（梁/柱/板/墙，本实训以板为例），指导老师（考评员）填写实操评分记录表。

（2）通过装配式建筑构件制作（构件生产）岗位技能实训，完成实训任务单 4 中的 8 个小题（每小题 1 分）。

三、考核标准

考核结果实行十分制，指导教师根据实际情况进行判定。

（1）考勤标准（2 分）：能够按时出勤，不迟到、不早退，遵守实训纪律。

（2）成果标准（8 分）：符合实训成果要求。

实训任务单4(构件制作)

“构件制作”“构件吊装”“构件灌浆”三项考核项目均为团队操作，为均衡考核内容及考核学生的综合能力，将考核内容进行工艺内容切分，每个考生随机分配负责考核项目的一部分工艺内容和其余工艺操作的协助内容，简述如何分角色操作(1分)	简述构件制作(桁架钢筋混凝土叠合板)图纸包含哪些(回答3条即可)(1分)
答：	答：
简述构件制作工器具、模具终固定使用工具(1分) 	以对角线差为例，简述预制构件尺寸模具允许偏差和检验方法[参照《装配式混凝土建筑技术标准》(GB/T 51231—2016)](1分) 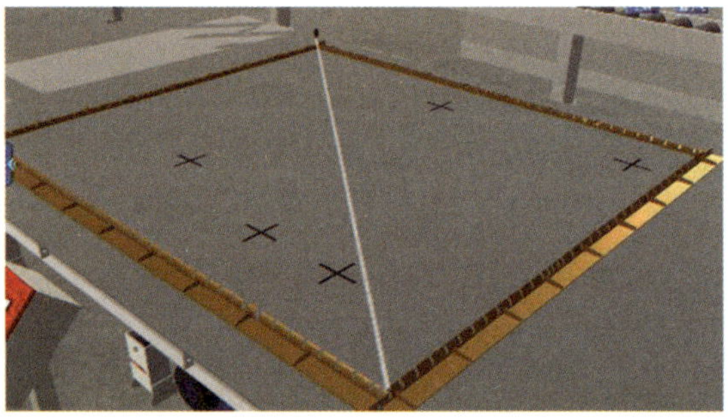
答：	答：

续表

判断下图为单向板还是双向板底板节点模型，简述其特点(1分) 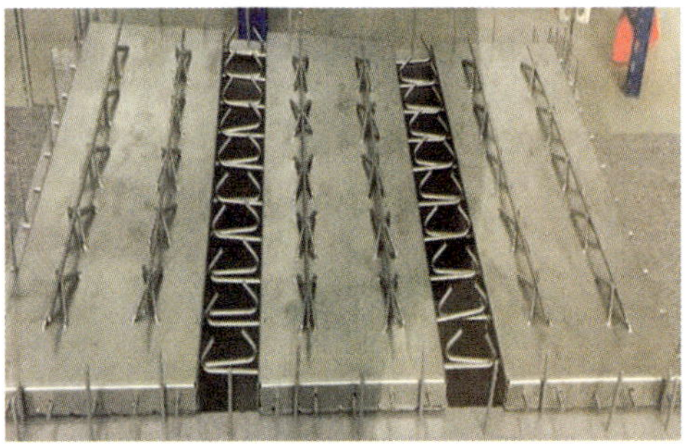	判断下图为单向板还是双向板底板节点模型，简述其特点(1分) 
答：	答：
简述 DBS1-67-3620-31 的含义(1分)	简述工完料清工艺流程(1分)
答：	答：

实训任务单 5

所属系部：　　　　　　　　　　　　编制人：　　　　　　　　　　　　编制日期：

课程名称	装配式建筑施工	项目名称	“1+X”装配式建筑构件制作与安装职业技能等级科目二实操考核	任务名称	构件安装(构件吊装)		任务编号	5
实训班级		实训地点		实训学时	4	姓名		
实训目的	运用在装配式建筑施工课程中学到的知识，完成“1+X”装配式建筑构件制作与安装职业技能等级科目二实操考核三选一(抽签决定)，完成装配式建筑构件安装岗位技能实操平台实训及本实训任务单；通过本次实训技能训练，积累实践工作经验							

一、实训任务描述

(1)任务载体：装配式建筑构件安装岗位技能实操平台、实操评分记录表(分组操作，单人评定：1～4 号考核人员)。

(2)完成实训任务单 5：构件安装(剪力墙外墙板吊装及墙板间后浇连接准备/外挂围护墙吊装与连接)。

二、实训指导、实训成果

(1)完成“1+X”装配式建筑构件制作与安装职业技能等级科目二实操考核三选一(抽签决定)，完成装配式建筑构件安装岗位技能实操平台实训(剪力墙外墙板吊装及墙板间后浇连接准备/外挂围护墙吊装与连接)，指导老师(考评员)填写实操评分记录表。

(2)通过装配式建筑构件安装岗位技能实训，完成实训任务单 5 中的 7 个小题。

三、考核标准

考核结果实行十分制，指导教师根据实际情况进行判定。

(1)考勤标准(2 分)：能够按时出勤，不迟到、不早退，遵守实训纪律。

(2)成果标准(8 分)：符合实训成果要求。

实训任务单 5(构件安装)

<table>
<tr>
<td>指出下图中的仿真三明治墙板吊装及墙板间后浇连接、仿真框架结构外墙挂板,指出“一字形”“L 形”后浇连接节点(1 分)
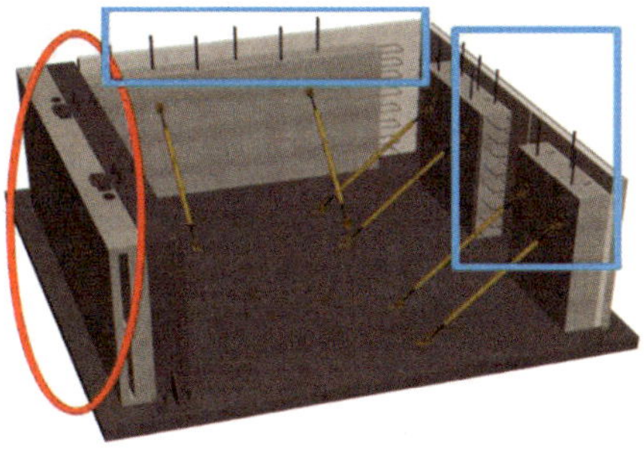</td>
<td>简述外墙挂板吊装工艺,说出右图中起吊设施的名称(1 分)
</td>
</tr>
<tr>
<td>答:</td>
<td>答:</td>
</tr>
<tr>
<td>简述下图中仿真三明治墙板安装时设置的上、下临时支撑(未设置七字码)的倾角(1 分)</td>
<td>简述三明治墙板吊装工艺流程(1 分)</td>
</tr>
<tr>
<td>答:
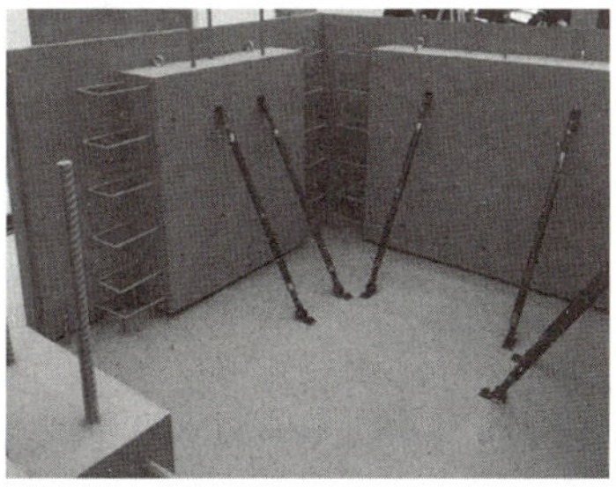</td>
<td>答:</td>
</tr>
</table>

续表

简述预制外墙板的钢筋连接形式(1分)	简述外挂围护墙(预制外挂墙板)的定义(1分)
答：	答：

计算三明治板宽度方向细部尺寸(如标志宽度、预制构件长度、外叶墙板宽度、保温板宽度、内叶墙板宽度的尺寸关系)(2分)

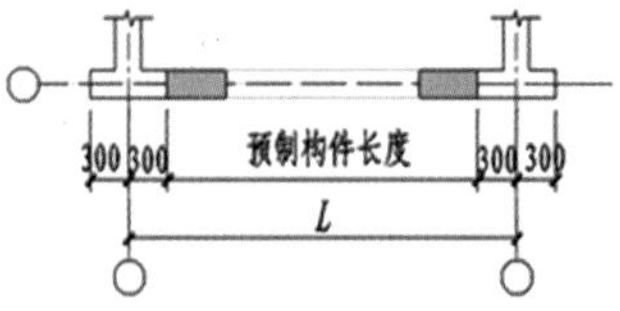

标准选用：标志宽度L(3M尺寸)

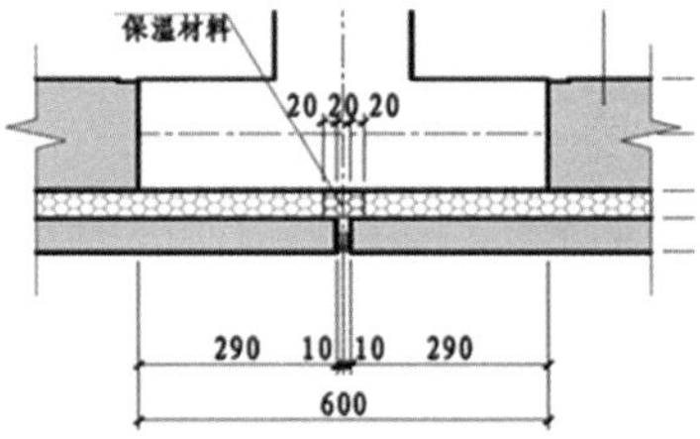

答：

实训任务单 6

所属系部： 编制人： 编制日期：

课程名称	装配式建筑施工	项目名称	“1＋X”装配式建筑构件制作与安装职业技能等级科目二实操考核	任务名称	构件灌浆	任务编号	6
实训班级		实训地点		实训学时	4	姓名	
实训目的	运用在装配式建筑施工课程中学到的知识，完成“1＋X”装配式建筑构件制作与安装职业技能等级科目二实操考核三选一（抽签决定），完成装配式建筑构件灌浆岗位技能实操平台实训及本实训任务单；通过本次实训技能训练，积累实践工作经验						

一、实训任务描述

（1）任务载体：装配式建筑构件灌浆岗位技能实操平台、实操评分记录表（分组操作，单人评定：1～3 号考核人员）。

（2）完成实训任务单 6：构件灌浆[套筒灌浆（剪力墙/柱）]。

二、实训指导、实训成果

（1）完成“1＋X”装配式建筑构件制作与安装职业技能等级科目二实操考核三选一（抽签决定），完成装配式建筑构件灌浆岗位技能实操平台实训[套筒灌浆（剪力墙/柱）]，指导老师（考评员）填写实操评分记录表。

（2）通过装配式建筑构件灌浆岗位技能实训，完成实训任务单 6 中的 7 个小题。

三、考核标准

考核结果实行十分制，指导教师根据实际情况进行判定。

（1）考勤标准（2 分）：能够按时出勤，不迟到、不早退，遵守实训纪律。

（2）成果标准（8 分）：符合实训成果要求。

实训任务单 6(构件灌浆)

<table>
<tr><td>简述灌浆工艺流程、竖向构件灌浆施工方式及分仓(1 分)
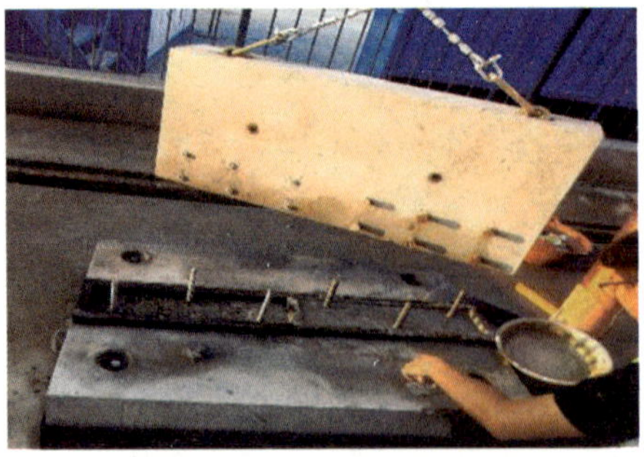</td><td>简述钢筋套筒灌浆连接接头强度性能要求(1 分)
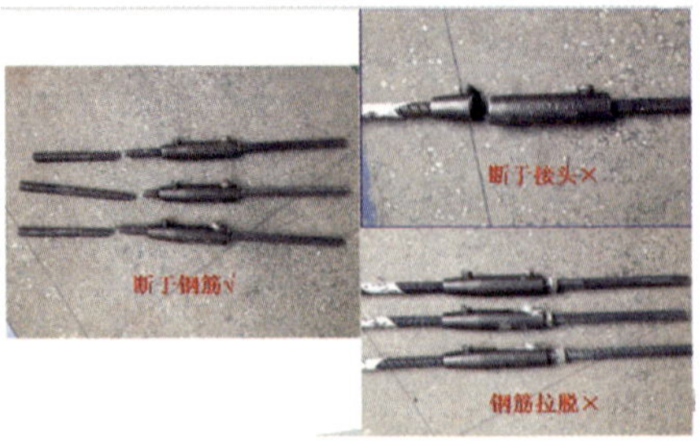
</td></tr>
<tr><td>答:</td><td>答:</td></tr>
<tr><td>简述初始流动度试验步骤及规范规定(1 分)</td><td>简述灌浆套筒 GTQ4Z-25 型号及其接头连接钢筋直径规格范围(1 分)</td></tr>
<tr><td>答:</td><td>答:</td></tr>
<tr><td>简述套筒灌浆连接的带肋钢筋的直径范围(1 分)</td><td>简述钢筋套筒灌浆连接接头面积百分率(1 分)</td></tr>
<tr><td>答:</td><td>答:</td></tr>
</table>

续表

计算下图中三明治板(下墙板)预留竖向钢筋Φ14 的外伸长度(条件:整体式全灌浆套筒 GTQ4Z-14,h_s = 130 mm,参考规范及下图)(2 分)

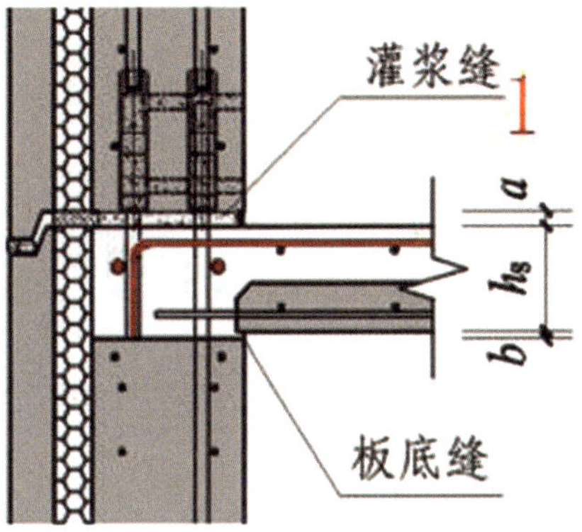

(a) 三明治板

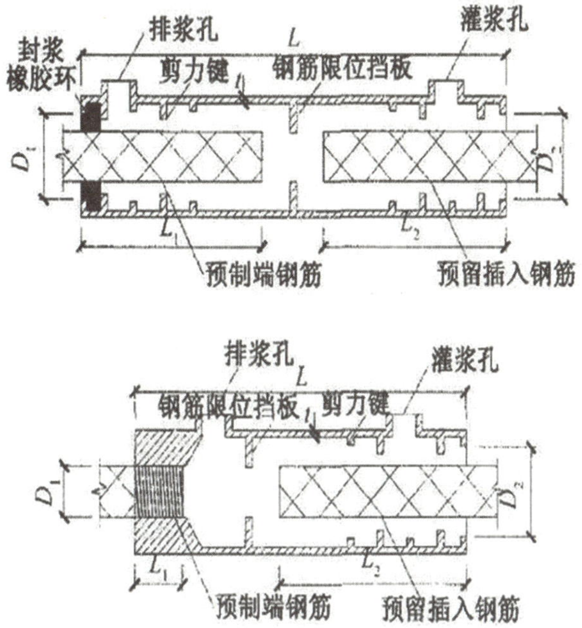

(b) 全套筒灌浆接头和半套筒灌浆接头

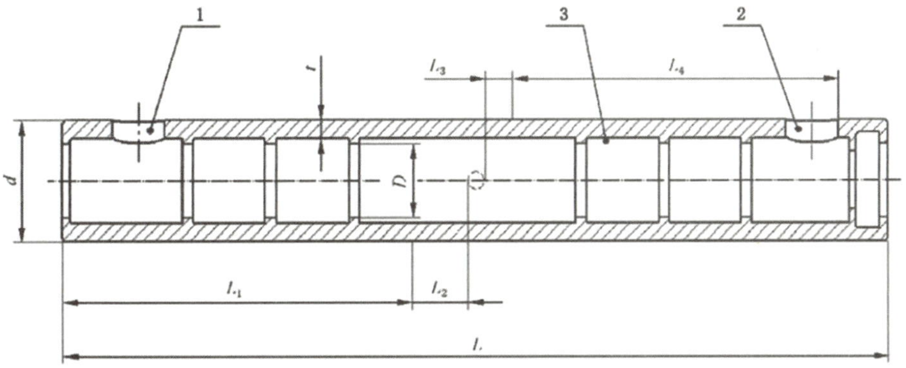

(c) 整体式全灌浆套筒

答:

实训任务单 7

所属系部： 编制人： 编制日期：

课程名称	装配式建筑施工	项目名称	“1＋X”装配式建筑构件制作与安装职业技能等级科目二实操考核	任务名称	接缝防水施工（封缝打胶）		任务编号	7
实训班级		实训地点		实训学时	4	姓名		
实训目的	运用在装配式建筑施工课程中学到的知识，完成“1＋X”装配式建筑构件制作与安装职业技能等级科目二实操考核三选一（抽签决定），完成装配式建筑封缝打胶岗位技能实操平台实训及本实训任务单；通过本次实训技能训练，积累实践工作经验							

一、实训任务描述

（1）任务载体：装配式建筑封缝打胶岗位技能实操平台、实操评分记录表（单人操作，单人评定）。

（2）完成实训任务单 7：接缝防水施工。

二、实训指导、实训成果

（1）完成“1＋X”装配式建筑构件制作与安装职业技能等级科目二实操考核三选一（抽签决定），完成装配式建筑封缝打胶岗位技能实操平台实训，指导老师（考评员）填写实操评分记录表。

（2）通过装配式建筑封缝打胶岗位技能实训，完成实训任务单 7 中的 8 个小题（每小题 1 分）。

三、考核标准

考核结果实行十分制，指导教师根据实际情况进行判定。

（1）考勤标准（2 分）：能够按时出勤，不迟到、不早退，遵守实训纪律。

（2）成果标准（8 分）：符合实训成果要求。

实训任务单7(接缝防水施工)

简述图中的劳保用品有哪些(1分) 	外墙十字缝接缝防水施工装置可以自动控制开合，简述其作用(1分) 
答：	答：
简述封缝打胶的工艺流程(1分)	简述接缝尺寸要求(1分)
答：	答：

续表

简述配套工具和耗材(回答 4 条即可)(1 分)	简述配套工具的作用(回答 4 条即可)(1 分)
答:	答:
简述接缝填充高分子材料规定及建筑密封胶分类(1 分)	建筑外墙竖缝与横缝的交接处,首层及以上每隔 3 层设置 1 根排水、排气导管(内径为 8 mm)(此导水孔位置在横缝与竖缝交接处下 300 mm 左右),简述其作用(1 分)
答:	答:

实训任务单 1

所属系部： 编制人： 编制日期：

课程名称	装配式建筑施工	项目名称	认知装配式混凝土结构	任务名称	认知装配式混凝土结构	任务编号	1
实训班级		实训地点		实训学时	2	姓名	
实训目的	运用在装配式建筑施工课程中学到的知识，认知装配式混凝土结构，掌握装配式混凝土建筑、结构等基本知识；通过本次实训技能训练，积累实践工作经验						

一、实训任务描述

(1)任务载体：ppt(一、装配式混凝土建筑概论的 1.1 装配式建筑的概念)、装配式建筑实训中心。

(2)完成实训任务单 1：参观装配式建筑实训中心、认知装配式混凝土结构。

二、实训指导、实训成果

(1)通过学习 ppt(一、装配式混凝土建筑概论的 1.1 装配式建筑的概念)，认知装配式混凝土结构，掌握装配式混凝土建筑、结构等基本知识。

(2)通过参观装配式建筑实训中心，完成实训任务单 1 中的 8 个小题(每小题 1 分)。

三、考核标准

考核结果实行十分制，指导教师根据实际情况进行判定。

(1)考勤标准(2 分)：能够按时出勤，不迟到、不早退，遵守实训纪律。

(2)成果标准(8 分)：符合实训成果要求。

认知装配式建筑

认知装配式混凝土建筑建造过程

认知装配式混凝土结构分类

认知装配整体式混凝土结构分类

装配式混凝土建筑和现浇混凝土建筑对比分析、预制构件的前期策划分工

实训任务单1(认知装配式混凝土结构)

简述装配式建筑的定义[来源:《装配式混凝土建筑技术标准》(GB/T 51231—2016)](1分)	简述装配式建筑的特征——“六化”[来源:《装配式混凝土建筑技术标准》(GB/T 51231—2016)](1分)
答:装配式建筑的定义为结构系统、外围护系统、设备与管线系统、内装系统的主要部分采用预制部品、部件集成的建筑 认知部品、部件	答:装配式建筑的特征——“六化”为标准化设计、工厂化生产、装配化施工、一体化装修、信息化管理和智能化应用
简述装配式建筑的四大系统[来源:《装配式混凝土建筑技术标准》(GB/T 51231—2016)](1分)	简述装配式建筑分类及装配式混凝土建筑(PC)的定义[来源:《装配式混凝土建筑技术标准》(GB/T 51231—2016)](1分)
答:装配式建筑的四大系统为结构系统、外围护系统、设备与管线系统、内装系统 认知装配式混凝土建筑标准	答:装配式建筑分为装配式混凝土建筑、装配式钢结构建筑、装配式木结构建筑;装配式混凝土建筑(PC)的定义为建筑的结构系统由混凝土部件(预制构件)构成的装配式建筑

续表

简述部件的定义并举例(1分)	简述卫生间同层排水的定义[来源:《装配式混凝土建筑技术标准》(GB/T 51231—2016)](1分)
答:部件是在工厂或现场预先生产制作完成,构成建筑结构系统的结构构件及其他构件的统称,包括预制柱、预制剪力墙、夹心保温外墙板、预制外墙模板、预制叠合梁、预制叠合板、预制楼梯、预制阳台等	答:同层排水是在建筑排水系统中,器具排水管及排水支管不穿越本层结构楼板到下层空间、与卫生器具同层敷设并接入排水立管的排水方式 **认知叠合板、剪力墙等教学模型**
简述装配整体式混凝土结构的定义[来源:《装配式混凝土建筑技术标准》(GB/T 51231—2016)、《装配式混凝土结构技术规程》(JGJ 1—2014)](1分)	简述住建部认定的2017年第一批、2020年第二批装配式建筑示范城市和产业基地(湖北省)(1分)
答:装配整体式混凝土结构是由预制混凝土构件通过可靠的方式进行连接并与现场后浇混凝土、水泥基灌浆料形成整体的装配式混凝土结构	答:2017年第一批示范城市无;2017年第一批产业基地(湖北省)为湖北沛函建设有限公司;2020年第二批示范城市有武汉市、宜昌市;2020年第二批产业基地(湖北省)有湖北团风经济开发区、中南建筑设计院股份有限公司、武汉建工集团股份有限公司、美好建筑装配科技有限公司、湖北广盛建设集团有限责任公司、中信建筑设计研究总院有限公司、华新顿现代钢结构制造有限公司 **工程照片赏析** **认知装配式混凝土建筑图集** **查阅下载标准、图集**

实训任务单 2

所属系部：　　　　　　　　　　　　编制人：　　　　　　　　　　　　编制日期：

课程名称	装配式建筑施工	项目名称	装配式建筑评价等级	任务名称	预制率、装配率与装配式建筑评价等级的关系	任务编号	2
实训班级		实训地点		实训学时	4	姓名	
实训目的	运用在装配式建筑施工课程中学到的知识，掌握预制率、装配率与装配式建筑评价等级的关系；通过本次实训技能训练，积累实践工作经验						

一、实训任务描述

(1)任务载体：ppt(一、装配式混凝土建筑概论的 1.3 装配式混凝土建筑术语)、4 篇最新专业论文(2021—2022 年)[《基于 BIM 技术的装配率计算对比分析研究》(赵瑞阳、郑鹏)、《上海某幼儿园装配整体式钢筋混凝土框架结构设计》(秦中慧)、《上海市装配式混凝土高层住宅经济性分析》(顾浩声、刘匀)、《装配式混凝土建筑装配率指标的计算方法研究》(钟春玲)]。

(2)完成实训任务单 2：预制率、装配率与装配式建筑评价等级的关系。

二、实训指导、实训成果

(1)通过学习 ppt 和阅读 4 篇最新专业论文，掌握预制率、装配率与装配式建筑评价等级的关系。

(2)通过本次实训，完成实训任务单 2 中的 8 个小题(每小题 1 分)。

三、考核标准

考核结果实行十分制，指导教师根据实际情况进行判定。

(1)考勤标准(2 分)：能够按时出勤，不迟到、不早退，遵守实训纪律。

(2)成果标准(8 分)：符合实训成果要求。

装配率(国家标准)　　　　装配率(武汉市地方标准)

装配率(上海市地方标准)　　　　预制率(上海市地方标准)

实训任务单 2(预制率、装配率与装配式建筑评价等级的关系)

简述国家标准和武汉市、上海市、北京市的地方标准中有关装配式建筑评价等级的指标有何不同(1 分)

阅读专业论文——《基于 BIM 技术的装配率计算对比分析研究》(赵瑞阳、郑鹏),简述 33 层剪力墙结构,仅水平构件预制(底部 4 层、顶层屋面板现浇)时,增加有水房间及电梯前室后全楼预制部分的全楼面积比及其是否能达到国家标准的最低要求(1 分)

答:国家标准、武汉市地方标准采用“装配率”单率单控的技术体系;上海市地方标准、北京市地方标准采用“预制率”“装配率”两率双控的技术体系

答:增加有水房间及电梯前室后全楼预制部分的全楼面积比是 82.9%>80%,得分为 20 分,符合国家标准的最低要求

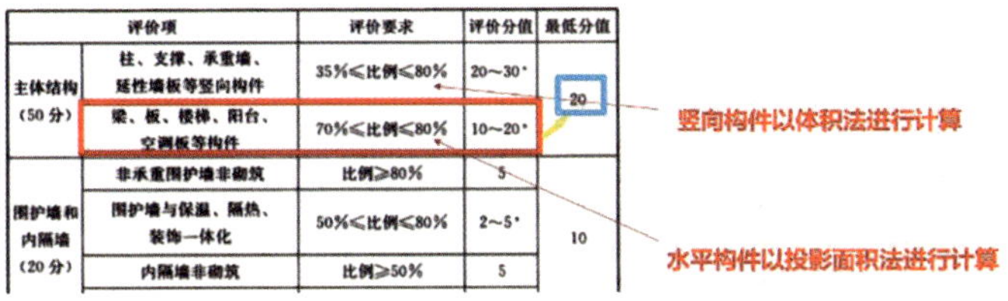
评价项		评价要求	评价分值	最低分值
主体结构(50 分)	柱、支撑、承重墙、延性墙板等竖向构件	35%≤比例≤80%	20~30*	20
	梁、板、楼梯、阳台、空调板等构件	70%≤比例≤80%	10~20*	
围护墙和内隔墙(20 分)	非承重围护墙非砌筑	比例≥80%	5	10
	围护墙与保温、隔热、装饰一体化	50%≤比例≤80%	2~5*	
	内隔墙非砌筑	比例≥50%	5	

装配式整体式混凝土剪力墙结构存在的问题和难点

阅读专业论文——《基于 BIM 技术的装配率计算对比分析研究》(赵瑞阳、郑鹏),简述在实际工程项目中,只做水平构件预制的项目占比很高的原因(1 分)

阅读专业论文——《上海某幼儿园装配整体式钢筋混凝土框架结构设计》(秦中慧),简述本工程的结构体系、本工程采用的装配式建筑评价指标,指标大小是否符合要求、为什么选择这个指标(1 分)

答:①装配式建筑现阶段成本比传统现浇混凝土结构高,在只做水平构件的项目中土建成本增量基本可以控制在 150 元/m^2 以内,而在采用竖向构件预制的项目中,土建成本会增加到 300 元/m^2 以上,开发商基于成本考虑,会优先选择只做水平构件;②现阶段由于设计、生产、施工的不成熟,竖向构件普遍存在安全隐患,如灌浆套筒的灌注度检测问题等;③水平构件设计难度小、生产施工方便简单,所以水平构件预制在装配式项目中受到普遍欢迎

答:①结构体系为装配整体式钢筋混凝土框架结构;②本工程采用单体预制率评价指标,单体预制率为 40.1%>40%,符合沪建建材〔2019〕97 号文件规定;③本工程没有采用预制内隔墙、单元式幕墙、集成式厨房、集成式卫生间、集成排烟井、集成排烟道等,采用单体预制率进行计算(不采用单体装配率),预制的指标完全落在结构专业上

装配式结构与现浇结构在结构设计上的异同点

续表

<table>
<tr><td>阅读专业论文——《上海某幼儿园装配整体式钢筋混凝土框架结构设计》(秦中慧)，简述本工程哪些部位采用现浇混凝土(1 分)</td><td>阅读专业论文——《上海市装配式混凝土高层住宅经济性分析》(顾浩声、刘匀)，简述沪建建材〔2019〕97 号文对报建项目预制率或装配率指标的要求(1 分)</td></tr>
<tr><td>答：本工程采用现浇砼的部位有基础、地下室部分及地下室顶板、底层框架柱、卫生间梁板、弧形梁及斜梁、多功能厅梁高较小处、配筋率超过 2% 的梁、叠合梁和叠合板后浇叠合层等</td><td>答：2016 年 4 月 1 日以后完成报建或项目信息报送的项目，建筑单体预制率不低于 40% 或单体装配率不低于 60%</td></tr>
<tr><td>阅读专业论文——《上海市装配式混凝土高层住宅经济性分析》(顾浩声、刘匀)，分析各类构件预制率贡献和费用增量占比图中的折线的含义，以及从经济性角度而言，各类预制构件和围护墙的优先选择次序(1 分)</td><td>阅读专业论文——《装配式混凝土建筑装配率指标的计算方法研究》(钟春玲)，简述装配式建筑的等级评定分哪 5 种情况(1 分)</td></tr>
<tr><td>答：①折线表示每增加 1% 的预制率需要增加的单位面积费用；②从经济性角度而言，各类预制构件和围护墙的优先选择次序为预制楼梯＞预制剪力墙＞预制凸窗＞预制外围护墙＞预制叠合楼板＞预制阳台</td><td>答：
<table>
<tr><td>装配率</td><td>P<50%</td><td>50%≤P<60%</td><td>60%≤P≤75%</td><td>76%≤P≤90%</td><td>P≥91%</td></tr>
<tr><td>装配式建筑等级</td><td>非装配式</td><td>无级别装配式</td><td>A级装配式</td><td>AA级装配式</td><td>AAA级装配式</td></tr>
</table>
</td></tr>
</table>

实训任务单 3

所属系部：　　　　　　　　　　　　编制人：　　　　　　　　　　　　编制日期：

课程名称	装配式建筑施工	项目名称	装配式混凝土建筑生产工艺与施工技术	任务名称	认知自动流水生产线、PC构件生产工艺	任务编号	3
实训班级		实训地点		实训学时	4	姓名	
实训目的	运用在装配式建筑施工课程中学到的知识，认知自动流水生产线，掌握PC构件生产工艺；通过本次实训技能训练，积累实践工作经验						

一、实训任务描述

(1)任务载体：ppt(四、装配式混凝土建筑生产工艺与施工技术的4.1构件生产与运输)、某PC工厂。

(2)完成实训任务单3：认知自动流水生产线、PC构件生产工艺。

二、实训指导、实训成果

(1)通过学习ppt(四、装配式混凝土建筑生产工艺与施工技术的4.1构件生产与运输)，认知自动流水生产线、PC构件生产工艺。

(2)通过参观某PC工厂车间，完成实训任务单3中的8个小题(每小题1分)。

三、考核标准

考核结果实行十分制，指导教师根据实际情况进行判定。

(1)考勤标准(2分)：能够按时出勤，不迟到、不早退，遵守实训纪律。

(2)成果标准(8分)：符合实训成果要求。

认知PC构件、PC结构

认知自动流水

认知自动流水生产线循环系统

认知自动流水生产线模台预处理系统

认知自动流水生产线布料系统

认知自动流水生产线养护系统

认知自动流水生产线脱模系统

实训任务单 3(认知自动流水生产线、PC 构件生产工艺)

简述划线机的作用(1 分)

答:用于在底模上快速、准确地画出边模、预埋件等的位置

简述养护窑的作用(1 分)

答:由码垛机将构件送入立体养护窑各养护仓位,养护 6～8 小时;将 PC 构件在养护窑中存放,经过静置、升温、恒温、降温等几个阶段,使 PC 构件凝固强度达到要求

请用手机扫描下图中的二维码表面标识,简述标识内容(1 分)

答:

简述振动台的作用(1 分)

答:用于振捣完成布料后的周转平台,将其中的混凝土振捣密实

续表

简述 PC 构件生产线系统(1 分)	简述自动流水生产线的养护系统一般包含哪几种 PC 构件生产设备(1 分)
答:循环系统、模台预处理系统、布料系统、养护系统、脱模系统	答:码垛机、预养护窑、养护窑
简述你在 PC 工厂车间见到了哪些 PC 构件生产设备、哪些 PC 构件(1 分)	在混凝土浇筑前,应进行 PC 构件的隐蔽工程检查,简述检查项目应包括哪些内容[参考《装配式混凝土建筑技术标准》(GB/T 51231—2016),回答 4 条即可](1 分)
答:PC 构件生产设备有循环系统(导向轮、驱动轮、摆渡车等)、模台预处理系统(喷油机、划线机等)、布料系统(布料机、振动台等)、养护系统(码垛机、养护窑等)、脱模系统(侧翻机等);PC 构件有 PC 内墙板、PC 叠合板、PC 楼梯、PC 阳台板等	答: **9.6.1** 浇筑混凝土前应进行钢筋、预应力的隐蔽工程检查。隐蔽工程检查项目应包括: **1** 钢筋的牌号、规格、数量、位置和间距; **2** 纵向受力钢筋的连接方式、接头位置、接头质量、接头面积百分率、搭接长度、锚固方式及锚固长度; **3** 箍筋弯钩的弯折角度及平直段长度; **4** 钢筋的混凝土保护层厚度; **5** 预埋件、吊环、插筋、灌浆套筒、预留孔洞、金属波纹管的规格、数量、位置及固定措施; **6** 预埋线盒和管线的规格、数量、位置及固定措施; **7** 夹芯外墙板的保温层位置和厚度,拉结件的规格、数量和位置; **8** 预应力筋及其锚具、连接器和锚垫板的品种、规格、数量、位置; **9** 预留孔道的规格、数量、位置,灌浆孔、排气孔、锚固区局部加强构造。

实训任务单 4

所属系部： 编制人： 编制日期：

课程名称	装配式建筑施工	项目名称	“1＋X”装配式建筑构件制作与安装职业技能等级科目二实操考核	任务名称	构件制作（构件生产）		任务编号	4
实训班级		实训地点		实训学时	4	姓名		
实训目的	运用在装配式建筑施工课程中学到的知识，完成“1＋X”装配式建筑构件制作与安装职业技能等级科目二实操考核（必考项），完成装配式建筑构件制作（构件生产）岗位技能实操平台实训及本实训任务单；通过本次实训技能训练，积累实践工作经验							

一、实训任务描述

（1）任务载体：装配式建筑构件制作（构件生产）岗位技能实操平台、实操评分记录表（分组操作，单人评定：1～4 号考核人员）。

（2）完成实训任务单 4：构件制作（构件生产）（模具准备与安装、钢筋与预埋件施工）。

二、实训指导、实训成果

（1）完成“1＋X”装配式建筑构件制作与安装职业技能等级科目二实操考核（必考项），完成装配式建筑构件制作（构件生产）岗位技能实操平台实训（梁/柱/板/墙，本实训以板为例），指导老师（考评员）填写实操评分记录表。

（2）通过装配式建筑构件制作（构件生产）岗位技能实训，完成实训任务单 4 中的 8 个小题（每小题 1 分）。

三、考核标准

考核结果实行十分制，指导教师根据实际情况进行判定。

（1）考勤标准（2 分）：能够按时出勤，不迟到、不早退，遵守实训纪律。

（2）成果标准（8 分）：符合实训成果要求。

实训任务单 4(构件制作)

“构件制作”“构件吊装”“构件灌浆”三项考核项目均为团队操作,为均衡考核内容及考核学生的综合能力,将考核内容进行工艺内容切分,每个考生随机分配负责考核项目的一部分工艺内容和其余工艺操作的协助内容,简述如何分角色操作(1分)	简述构件制作(桁架钢筋混凝土叠合板)图纸包含哪些(回答3条即可)(1分)
答:一般按1~4号考核人员分角色操作,主导人员按照操作流程和操作标准指挥及参与操作,需说出每一步工艺名称,所需工具和材料可在对应项打对号;主操人员根据主导人员的安排,正确选择工具和材料型号并正确使用,完成实操内容	答:模板图、配筋图、吊点位置示意图、钢筋桁架及底板大样图、底板拼缝构造图、节点构造图等
简述构件制作工器具、模具终固定使用工具(1分) 	以对角线差为例,简述预制构件尺寸模具允许偏差和检验方法[参照《装配式混凝土建筑技术标准》(GB/T 51231—2016)](1分) 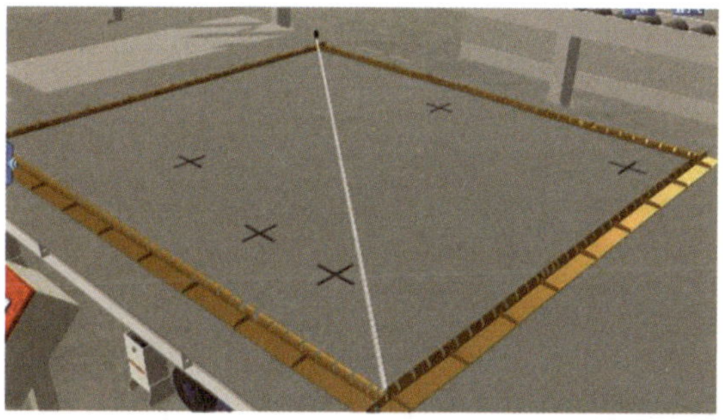
答:构件制作所需的工器具包括磁盒、锤头、扳手、钳子、卷尺等;模具终固定使用工具是橡胶锤、磁盒、扳手	答:对角线差允许偏差为3 mm,用尺量对角线 认知构件制作工具

续表

判断下图为单向板还是双向板底板节点模型，简述其特点（1 分）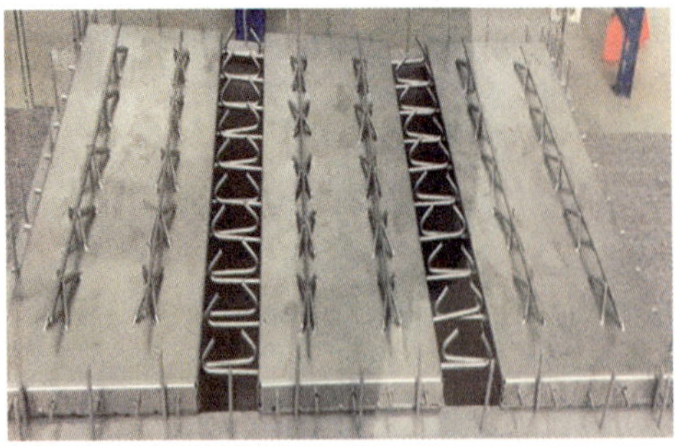	判断下图为单向板还是双向板底板节点模型，简述其特点（1 分）
答：双向板底板节点模型；四边都伸出钢筋，为双向受力钢筋	答：单向板底板节点模型；两端伸出钢筋，为单向受力钢筋，另一方向为分布钢筋
简述 DBS1-67-3620-31 的含义（1 分）	简述工完料清工艺流程（1 分）
答：底板编号 DBS1-67-3620-31 表示双向受力叠合板用底板，拼装位置为边板，预制底板厚度为 60 mm，后浇叠合层厚度为 70 mm，预制底板的标志跨度为 3600 mm，预制底板的标志宽度为 2000 mm，底板跨度方向配筋为Φ10@200，底板宽度方向配筋为Φ8@200	答：拆解复位考核设备、工具入库、材料回收、场地清理

实训任务单 5

所属系部： 编制人： 编制日期：

课程名称	装配式建筑施工	项目名称	“1＋X”装配式建筑构件制作与安装职业技能等级科目二实操考核	任务名称	构件安装（构件吊装）	任务编号	5
实训班级		实训地点		实训学时	4	姓名	
实训目的	运用在装配式建筑施工课程中学到的知识，完成“1＋X”装配式建筑构件制作与安装职业技能等级科目二实操考核三选一（抽签决定），完成装配式建筑构件安装岗位技能实操平台实训及本实训任务单；通过本次实训技能训练，积累实践工作经验						

一、实训任务描述

（1）任务载体：装配式建筑构件安装岗位技能实操平台、实操评分记录表（分组操作，单人评定：1～4 号考核人员）。

（2）完成实训任务单 5：构件安装（剪力墙外墙板吊装及墙板间后浇连接准备/外挂围护墙吊装与连接）。

二、实训指导、实训成果

（1）完成“1＋X”装配式建筑构件制作与安装职业技能等级科目二实操考核三选一（抽签决定），完成装配式建筑构件安装岗位技能实操平台实训（剪力墙外墙板吊装及墙板间后浇连接准备/外挂围护墙吊装与连接），指导老师（考评员）填写实操评分记录表。

（2）通过装配式建筑构件安装岗位技能实训，完成实训任务单 5 中的 7 个小题。

三、考核标准

考核结果实行十分制，指导教师根据实际情况进行判定。

（1）考勤标准（2 分）：能够按时出勤，不迟到、不早退，遵守实训纪律。

（2）成果标准（8 分）：符合实训成果要求。

认知装配式混凝土结构的连接方式分类　**认知浆锚搭接连接**　**认知浆锚搭接连接的优缺点**

认知后浇混凝土连接　**认知干式连接**　**认知干式连接的优缺点**

实训任务单 5（构件安装）

指出下图中的仿真三明治墙板吊装及墙板间后浇连接、仿真框架结构外墙挂板，指出“一字形”“L 形”后浇连接节点（1 分） 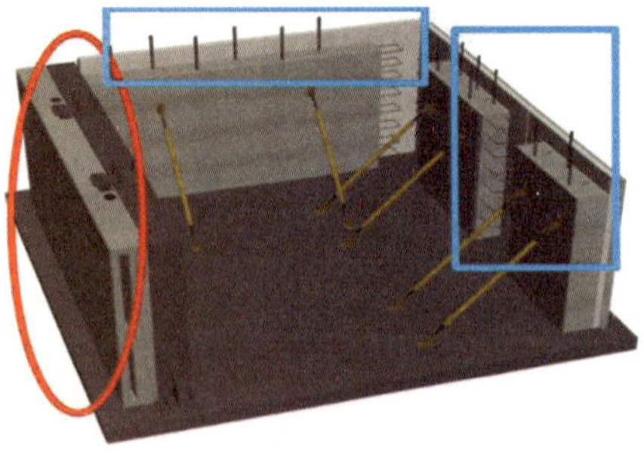	简述外墙挂板吊装工艺，说出右图中起吊设施的名称（1 分）  
答：左侧 I 形为仿真框架结构外墙挂板，右侧 L 形为仿真三明治墙板吊装及墙板间后浇连接；右侧转角部位为“L 形”后浇连接节点，右侧中部为“一字形”后浇连接节点 认知预制构件后浇界面构造处理 认知后浇混凝土连接的优缺点 认知建筑工程质量检测工具包	答：外墙挂板吊装工艺包括外墙挂板质量检查、定位放线、外墙挂板吊装、外墙挂板临时固定、外墙挂板调整、外墙挂板终固定等内容；起吊设施的名称为移动式龙门吊
简述下图中仿真三明治墙板安装时设置的上、下临时支撑（未设置七字码）的倾角（1 分）	简述三明治墙板吊装工艺流程（1 分）
答：上支撑杆倾角为 45°～60°；下支撑杆倾角为 30°～45° 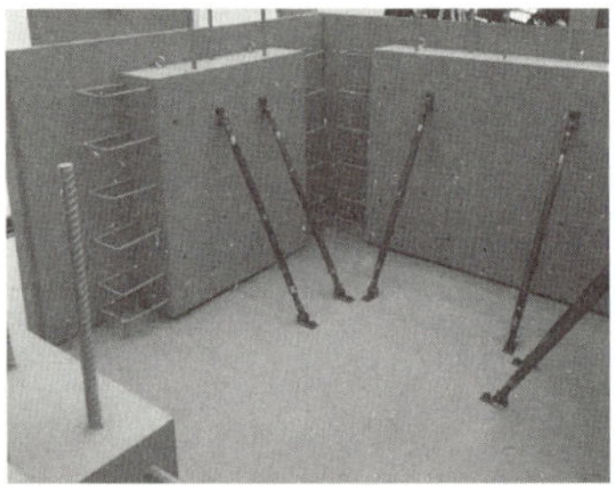 认知吊装吊具	答：三明治墙板吊装工艺流程包括剪力墙质量检查、连接钢筋处理（除锈、长度检查、标高检查、垂直度检查、校正）、工作面处理（凿毛处理、工作面清理、洒水湿润）、弹控制线、放置橡塑棉条、放置垫块、标高找平、剪力墙吊装（吊具连接、剪力墙试吊、剪力墙吊运、剪力墙安装对位）、剪力墙临时固定、剪力墙调整（剪力墙位置测量及调整、剪力墙垂直度测量及调整）、剪力墙终固定、摘除吊钩等内容

续表

简述预制外墙板的钢筋连接形式(1分)	简述外挂围护墙(预制外墙挂板)的定义(1分)
答:预制外墙板的钢筋连接形式为上下层预制外墙板的竖向钢筋采用套筒灌浆连接;相邻预制外墙板之间的水平钢筋采用整体式接缝连接	答:安装在主体结构上,起围护、装饰作用的非承重预制混凝土外墙板,简称外墙挂板[《装配式混凝土建筑技术标准》(GB/T 51231—2016)] 认知构件吊装工具

计算三明治板宽度方向细部尺寸(如标志宽度、预制构件长度、外叶墙板宽度、保温板宽度、内叶墙板宽度的尺寸关系)(2分)

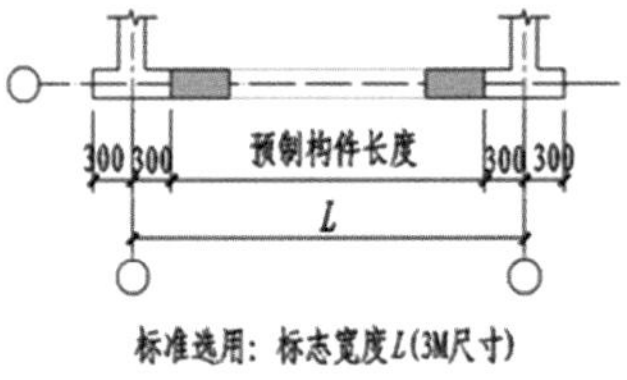

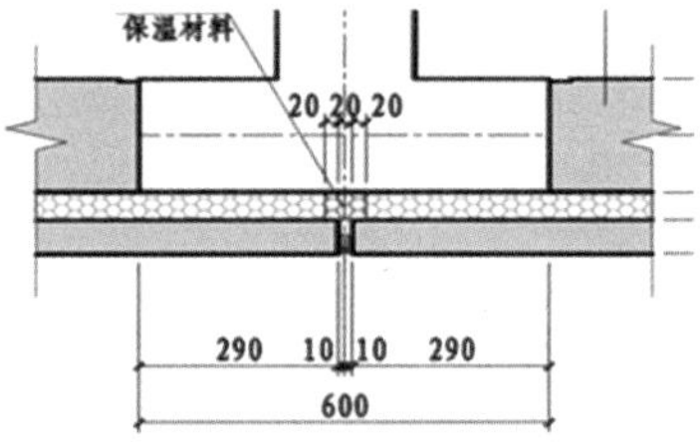

答:标志宽度=预制构件长度(内叶墙板宽度)+300×2

外叶墙板宽度=标志宽度-10×2

保温板宽度=外叶墙板宽度-20×2=标志宽度-30×2

内叶墙板宽度=标志宽度-300×2

实训任务单 6

所属系部： 编制人： 编制日期：

课程名称	装配式建筑施工	项目名称	"1+X"装配式建筑构件制作与安装职业技能等级科目二实操考核	任务名称	构件灌浆		任务编号	6
实训班级		实训地点		实训学时	4	姓名		
实训目的	运用在装配式建筑施工课程中学到的知识，完成"1+X"装配式建筑构件制作与安装职业技能等级科目二实操考核三选一（抽签决定），完成装配式建筑构件灌浆岗位技能实操平台实训及本实训任务单；通过本次实训技能训练，积累实践工作经验							

一、实训任务描述

（1）任务载体：装配式建筑构件灌浆岗位技能实操平台、实操评分记录表（分组操作，单人评定：1～3 号考核人员）。

（2）完成实训任务单 6：构件灌浆[套筒灌浆（剪力墙/柱）]。

二、实训指导、实训成果

（1）完成"1+X"装配式建筑构件制作与安装职业技能等级科目二实操考核三选一（抽签决定），完成装配式建筑构件灌浆岗位技能实操平台实训[套筒灌浆（剪力墙/柱）]，指导老师（考评员）填写实操评分记录表。

（2）通过装配式建筑构件灌浆岗位技能实训，完成实训任务单 6 中的 7 个小题。

三、考核标准

考核结果实行十分制，指导教师根据实际情况进行判定。

（1）考勤标准（2 分）：能够按时出勤，不迟到、不早退，遵守实训纪律。

（2）成果标准（8 分）：符合实训成果要求。

实训任务单6（构件灌浆）

简述灌浆工艺流程、竖向构件灌浆施工方式及分仓（1分） 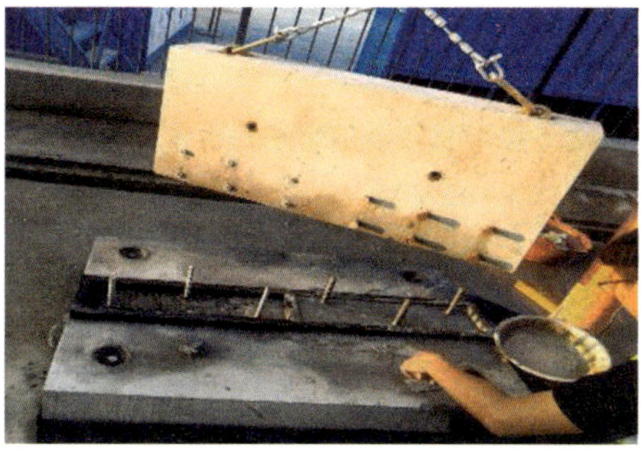	简述钢筋套筒灌浆连接接头强度性能要求（1分） 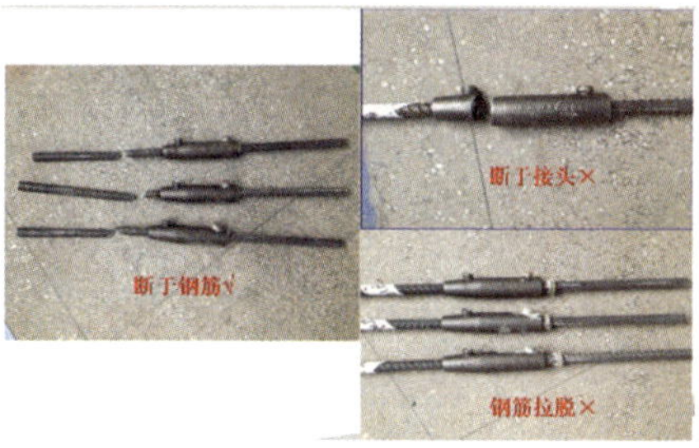
答：灌浆工艺流程为灌浆料制作、流动度检验、灌浆。竖向构件灌浆施工宜采用连通腔灌浆（不采用连通腔灌浆方式时，构件就位前应设置坐浆层），并应合理划分连通灌浆区域；每个区域除预留灌浆孔、出浆孔与排气孔（底部设置键槽的预制柱，应在键槽处设置排气孔）外，应形成密闭空腔，不应漏浆。分仓时，连通灌浆区域内任意两个灌浆套筒间距离不宜超过1.5 m（上图中，中间为分仓条，四周为封仓条，分为2个仓，采用连通腔灌浆）	答：钢筋套筒灌浆连接接头的极限抗拉承载力不应小于被连接钢筋抗拉承载力标准值的1.15倍；屈服承载力不应小于被连接钢筋屈服承载力的标准值且破坏时应断于接头外钢筋；当接头拉力达到连接钢筋抗拉荷载标准值的1.15倍而未发生破坏时，可停止试验 套筒灌浆连接的接头性能要求规定　认知套筒灌浆 认知套筒灌浆连接的优缺点
简述初始流动度试验步骤及规范规定（1分）	简述灌浆套筒GTQ4Z-25型号及其接头连接钢筋直径规格范围（1分）
答：将水泥基灌浆材料浆体倒入截锥圆模内，直至浆体与截锥圆模上口平；徐徐提起截锥圆模，让浆体在无扰动条件下自由流动直至停止。测量浆体最大扩散直径及与其垂直方向的直径，计算平均值，精确到1 mm，作为流动度初始值（应在6 min内完成搅拌和测量过程），规范工作性能要求≥300 mm	答：GTQ4Z-25是连接标准屈服强度为400 MPa，采用直径25 mm的钢筋，采用铸造加工的整体式全灌浆套筒；接头连接钢筋的直径规格不应大于灌浆套筒规定的连接钢筋直径规格，且不宜小于灌浆套筒规定的连接钢筋直径规格一级以上，GTQ4Z-25适用的连接钢筋为C22、C25 套筒灌浆连接的材料规定　认知构件灌浆工具

续表

简述套筒灌浆连接的带肋钢筋的直径范围(1 分)	简述钢筋套筒灌浆连接接头面积百分率(1 分)
答:钢筋直径不宜小于 12 mm,不宜大于 40 mm	答:当装配式混凝土结构采用符合规定的套筒灌浆连接接头时,全部构件纵向受力钢筋可在同一截面上连接,接头面积百分率达到 100%;混凝土结构中全截面受拉构件同一截面不宜全部采用钢筋套筒灌浆连接

计算下图中三明治板(下墙板)预留竖向钢筋Φ14 的外伸长度(条件:整体式全灌浆套筒 GTQ4Z-14,h_s=130 mm,参考规范及下图)(2 分)

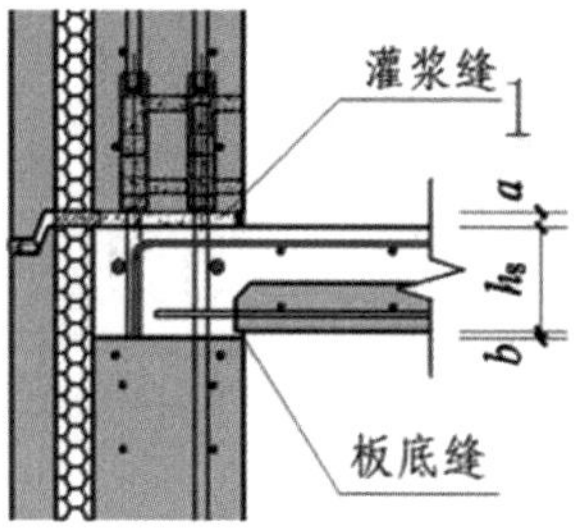

(a) 三明治板

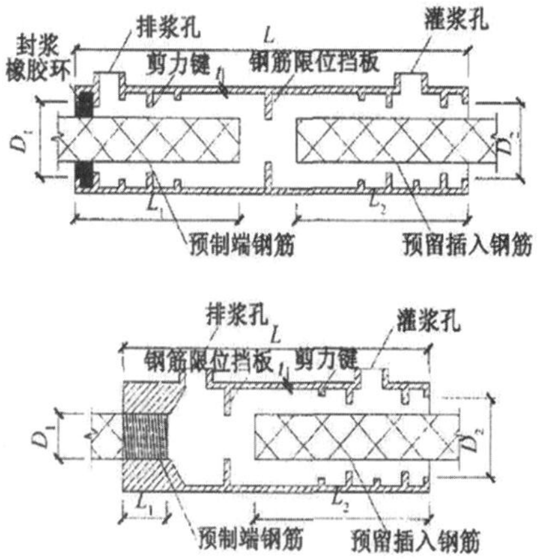

(b) 全套筒灌浆接头和半套筒灌浆接头

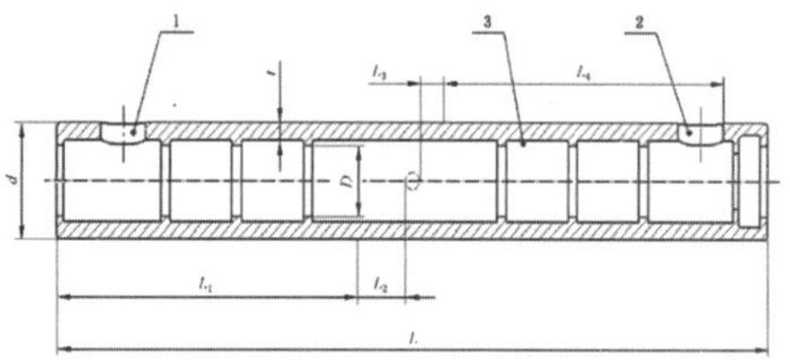
(c) 整体式全灌浆套筒

答:预留竖向钢筋Φ14 外伸长度最小值=[10(b)+130(h_s)+20(a)+8×14] mm=272 mm;预留竖向钢筋Φ14 外伸长度最大值=[10(b)+130(h_s)+20(a)+8×14+20(装配端安装调整长度暂定)] mm=292 mm。[参考:①灌浆套筒长度应根据试验确定,且灌浆连接端的钢筋锚固长度不宜小于 8 倍钢筋公称直径,其锚固长度不包括钢筋安装调整长度和封浆挡圈段长度,全灌浆套筒中间轴向定位点两侧应预留钢筋安装调整长度,预制端不宜小于 10 mm(靠近排浆孔),装配端不宜小于 20 mm(靠近灌浆孔);②当灌浆套筒为竖向连接套筒时,套筒注浆端锚固长度 L_1 为从套筒端面至挡销圆柱面深度减去调整长度 20 mm(L_2);当灌浆套筒为水平连接套筒时,套筒注浆端锚固长度 L_1 为从密封圈内侧端面位置至挡销圆柱面深度减去调整长度 20 mm(L_2)。][《钢筋连接用套筒灌浆料》(JG/T 408—2019)]

实训任务单 7

所属系部： 编制人： 编制日期：

课程名称	装配式建筑施工	项目名称	“1＋X”装配式建筑构件制作与安装职业技能等级科目二实操考核	任务名称	接缝防水施工（封缝打胶）	任务编号	7
实训班级		实训地点		实训学时	4	姓名	
实训目的	运用在装配式建筑施工课程中学到的知识，完成“1＋X”装配式建筑构件制作与安装职业技能等级科目二实操考核三选一（抽签决定），完成装配式建筑封缝打胶岗位技能实操平台实训及本实训任务单；通过本次实训技能训练，积累实践工作经验						

一、实训任务描述

（1）任务载体：装配式建筑封缝打胶岗位技能实操平台、实操评分记录表（单人操作，单人评定）。

（2）完成实训任务单 7：接缝防水施工。

二、实训指导、实训成果

（1）完成“1＋X”装配式建筑构件制作与安装职业技能等级科目二实操考核三选一（抽签决定），完成装配式建筑封缝打胶岗位技能实操平台实训，指导老师（考评员）填写实操评分记录表。

（2）通过装配式建筑封缝打胶岗位技能实训，完成实训任务单 7 中的 8 个小题（每小题 1 分）。

三、考核标准

考核结果实行十分制，指导教师根据实际情况进行判定。

（1）考勤标准（2 分）：能够按时出勤，不迟到、不早退，遵守实训纪律。

（2）成果标准（8 分）：符合实训成果要求。

认知封缝打胶工具

实训任务单 7(接缝防水施工)

简述图中的劳保用品有哪些(1 分) 	外墙十字缝接缝防水施工装置可以自动控制开合,简述其作用(1 分) 
答:安全帽、安全带、劳保防护手套、劳保工装(发光背心)	答:①封缝打胶操作完毕后通过电动控制分离墙体,进行打胶质量检查;②清理胶体、循环打胶操作,便于重复使用
简述封缝打胶的工艺流程(1 分)	简述接缝尺寸要求(1 分)
答:①基层处理;②填充 PE 棒(背衬材料);③粘贴美纹纸;④涂刷底涂液;⑤打胶;⑥刮平压实密封胶;⑦打胶质量检查	答:当接缝宽度小于 10 mm 时,宽深比为 $A:B=1:1$;当接缝宽度大于 10 mm 时,宽深比为 $A:B=2:1$(PC 板接缝宽度以 2 cm 为最佳,接缝宽度过窄时,需打磨出足够的宽度,建议不少于 1 cm)

续表

简述配套工具和耗材（回答 4 条即可）（1 分）	配套工具的作用（回答 4 条即可）（1 分）
答：磨光机（角磨机）、电动吹风机、铲刀、软毛刷、PE 棒、密封胶、美纹纸、胶枪（电动或手动）等	答：①角磨机沿接缝清理浮浆（PC 板接缝宽度以 2 cm 为最佳，接缝宽度过窄时，需打磨出足够的宽度，建议不少于 1 cm）；②钢丝刷用于去除接缝处水泥浮浆和油漆等难以清除的物质；③毛刷用于清理接缝周围的灰尘、油脂及其他易除去的物质；④细毛刷用于涂刷底涂液；⑤刮刀（铲刀）用于平整胶体；⑥美纹纸用于粘贴接缝四周，方便施胶以防涂料污染墙面；⑦PE 棒填缝防止密封胶出现三面黏结，同时可以有效控制打胶厚度
简述接缝填充高分子材料规定及建筑密封胶分类（1 分）	建筑外墙竖缝与横缝的交接处，首层及以上每隔 3 层设置 1 根排水、排气导管（内径为 8 mm）（此导水孔位置在横缝与竖缝交接处下 300 mm 左右），简述其作用（1 分）
答：①填充材料宜采用柔软闭孔的圆形或扁平的聚乙烯条，通常情况下，填充材料宽度应大于接缝宽度的 25%[《装配式混凝土建筑施工规程》（T/CCIAT 0001—2017）]。②硅酮（SR）耐污染性差，接缝处易污染严重，影响美观，具有可涂饰性差、耐磨性差、撕裂强度差等缺点；聚氨酯（PU）耐候性较差，不适合在阳光直射的外墙直接外露使用；聚硫橡胶中存在双硫键，导致其耐老化性能差（长时间外露使用会出现深裂纹）、伸长率不佳（一般小于 300%）、耐寒性不佳；硅烷改性聚醚（MS）性质优秀	答：PC 外墙板接缝位置应按设计要求预埋导流管，既能起到防水的作用，也能兼顾排气的功能，防止耐候密封胶的热膨胀

第三篇

1+X 考核篇

预制混凝土桁架叠合板制作实训任务书

实训项目：预制混凝土桁架叠合板制作实训。

实训时间：4 学时。

实训方法：①下发实训任务书和实训所需的材料；②动手实践，即在实训室中，老师先操作并讲解预制混凝土桁架叠合板的制作过程，学生认真学习，然后扮演老师的角色，模拟操作预制混凝土桁架叠合板制作并填写操作流程（见附表 2）。

实训目的：表明实训过程要培养的知识、技能、素质目标。

(1)知识目标：理论联系实际，验证、巩固、深化所学理论知识并为后续课程积累感性认识。

(2)技能目标：参加生产，灵活运用所学知识，正确指导学生根据图纸的要求按生产工艺流程进行施工。

(3)素质目标：培养学生的观察能力、独立思考能力、善于发现问题的能力、逻辑思维能力和实际动手操作能力。

实训项目：虚拟仿真预制混凝土桁架叠合板制作。

实训考核内容及方式：①实训成绩(100%)＝过程考核(70%)＋出勤(30%)；②过程考核(70%)主要围绕学习态度、出勤情况、实践操作、课堂实训和综合练习等评价。

实训内容及任务要求

实训项目	预制混凝土桁架叠合板制作	实训时间	4 学时
实训目的	1. 知识目标：理论联系实际，验证、巩固、深化所学理论知识并为后续课程积累感性认识； 2. 技能目标：参加生产，灵活运用所学知识，正确指导学生根据图纸的要求按生产工艺流程进行施工； 3. 素质目标：培养学生的观察能力、独立思考能力、善于发现问题的能力、逻辑思维能力和实际动手操作能力		
实训方法	1. 观察学习； 2. 动手实践		

实训内容及任务要求：

实训项目一：预制混凝土桁架叠合板（见下图）制作流程讲解。

续表

①准备工具：附表 1、卷尺、游标卡尺。

②老师带领学生参观实训基地，讲解装配式建筑各构件的位置及作用并指出预制混凝土桁架叠合板件所在位置。

③参观预制混凝土桁架叠合板构件，老师围绕预制混凝土桁架叠合板的特点、构造进行讲解并布置任务（回忆预制混凝土桁架叠合板的生产工艺流程）。

④学生两人一组配合测量截面尺寸并填附表 1。

实训项目二：预制混凝土桁架叠合板制作。

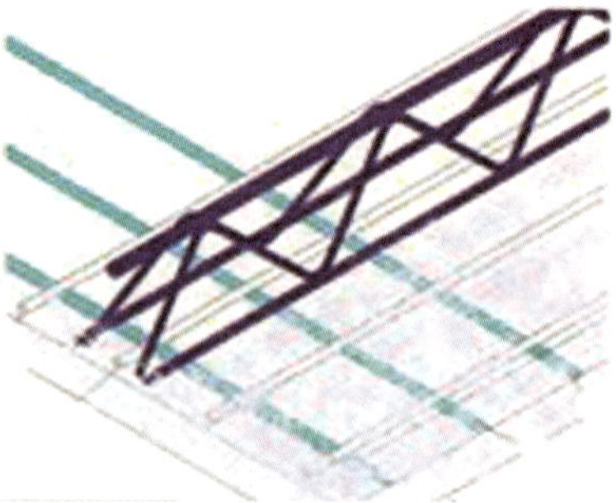

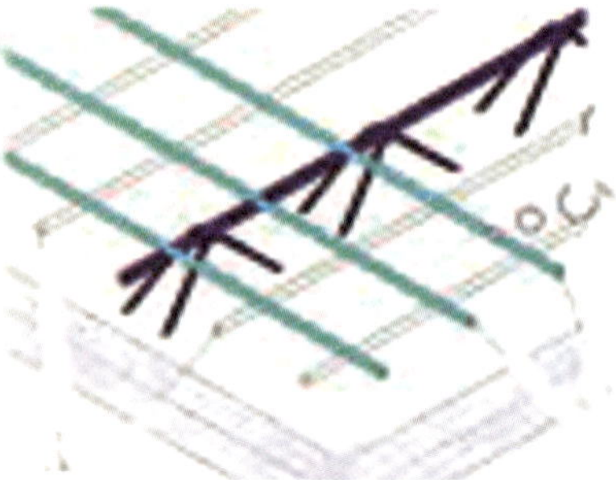

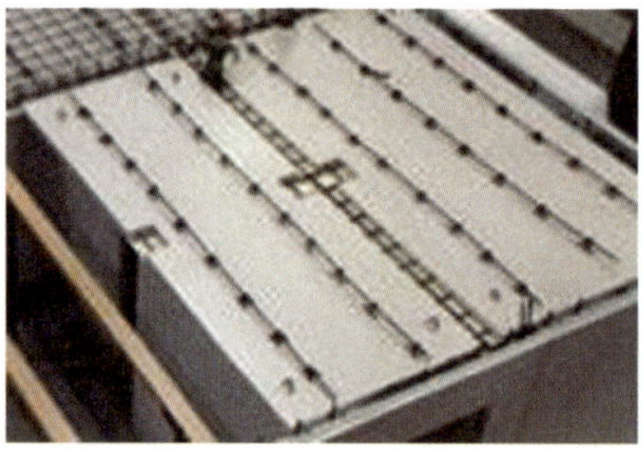

①虚拟仿真，老师先介绍虚拟仿真系统的优势并介绍各个命令，然后应用虚拟仿真系统讲解预制混凝土桁架叠合板制作流程并讲解操作要点和制作注意事项，然后让学生复述预制混凝土桁架叠合板的生产过程。学生回答老师的问题（过程完整、控制要点全面、回答准确）。

②学生实际上手操作预制混凝土桁架叠合板的生产，并在操作过程中扮演老师的角色进行讲解，老师以学生的身份提出问题，目的是培养学生动手操作能力和语言组织、表达能力，加深知识的学习。

③实训项目二结束后，学生填写操作心得与预制混凝土桁架叠合板的制作流程（见附表 2）。

④具体预制混凝土桁架叠合板制作流程见附表 3。

实训成果要求：

①实习总结：本次实习的收获、体会、问题。

②实习报告：描述预制混凝土桁架叠合板制作流程及其构造特点。

③能够正确指导学生根据图纸的要求按生产工艺流程进行施工。

附表 1

预制混凝土桁架叠合板详情		
部位	单位	数量
混凝土层厚度		
纵筋数量		
预留孔洞		
预埋件		

附表 2

预制混凝土桁架叠合板制作
制作流程：
学习心得：

附表 3

预制混凝土桁架叠合板制作流程

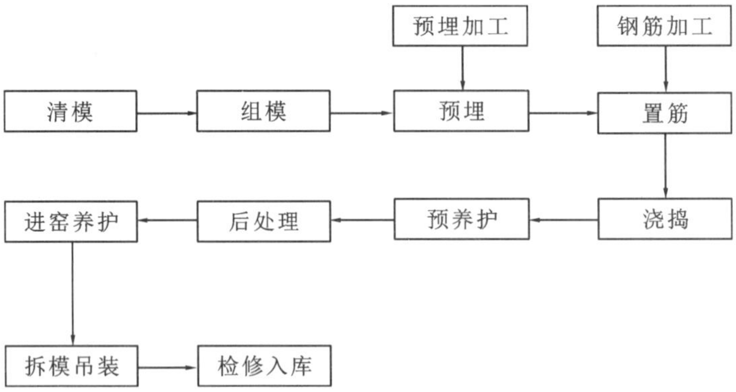

清模：

①模具及模台必须清理干净，不得有铁锈、油污及混凝土残渣，清理模台时切勿踩踏工作面，不可在模台工作面上留脚印，以免脱模后影响构件表观质量。

②模具的质量要严格审查，保证模具不出现弯折损坏等问题。

③模具的接缝处要贴合紧密，不应漏浆，模具要用磁盒或压铁固定牢固，防止后续振捣时跑模。

④模板(模台)与混凝土的接触面应清理干净并涂脱模剂，如需后续水洗，需在模具侧面涂刷露骨料剂。

⑤浇筑混凝土前，应清理干净模板内的杂物。

脱模剂涂刷注意事项如下：

①脱模剂经搅拌后，需要静置 20 分钟，待气泡消失后再进行施工。

②涂布工具必须保持干燥清洁；被涂物应干燥，不含油污、杂物，表面一定要处理好，钢模一定要去锈、除油。

③涂料的涂布方式可采用刷涂，亦可采用喷涂，且每道不宜涂得太厚，一般以 15 μm 左右为宜，第一道尚未完全固化之前(用手指按上去有指纹，不粘手)直接涂第二道，这样会使两道结合良好，否则会因底层固化的时间太长而剥落脱皮。对固化已久的膜面，必须用砂皮将其打毛后再涂，如涂层局部修补，则只要将该局部周围打毛再涂。每次脱模后，应稍加清理。

④涂抹必须均匀，切勿出现积液现象。

露骨料剂涂刷注意事项：如果设计要求粗糙面为水洗面，我们需在装模后于模具侧面涂刷露骨料剂；如果粗糙面为花纹钢板面，此步骤可省略，模具制作时可使用花纹钢板，使脱模后即达到粗糙面的要求。

组模：

①检查边模是否变形(弯度小于 3 mm)，否则用磁铁加以矫正。

②挡边模具与台车连接处要结合紧密(小于 2 mm)，否则用结构胶填补。

③对照图纸检查模具尺寸，包括长度、宽度、对角线、开槽数量及间距。

④根据图纸核对模具组装方向是否正确，核对完成无误后流入下一工位。

预埋：

①根据图纸要求，用卷尺和石笔标注预埋件的中心位置，后续用油漆标注清楚。

②放置预埋件时，一定要核对图纸上的方向，确认无误后将预埋件或洞口工装固定于模台上的标记处(注意任何预埋件在使用前需清理干净，需要脱模的工装需提前涂刷脱模剂)。

置筋：

①钢筋骨架尺寸应准确，骨架吊装时应采用多吊点的专用吊架，防止骨架产生变形。

②保护层垫块宜采用塑料类垫块且与钢筋骨架绑扎牢固，垫块按梅花状布置(放置标准为 4 个/m^2)。

③钢筋骨架入模时应平直、无损伤，表面清洁。

④钢筋桁架与钢筋网片应绑扎牢固并于吊点处设置加强筋，放置桁架筋时注意桁架筋高度及间距的控制。

浇捣：

①浇筑前对模板的尺寸、模具、钢筋绑扎、预留孔洞、混凝土保护层厚度进行检查(复尺)，做好记录。

续表

②布料时根据混凝土的下卸速度，将布料小车调整至合适的速度后保持匀速，保证布料均匀饱满、一次到位。

③混凝土浇筑时，应采用机械振捣方式，振动台最佳，保证振捣均匀。

后处理：

①振捣完成后检查构件表面不可有钢筋露出，否则需添加混凝土覆盖；检查钢筋网片与预埋件不可移位和倾斜，否则将其校正到标准的位置；检查表面不可有石子或垫块等凸起物件，否则将其清理，置入垃圾箱内。

②表面处理平整后用拉毛工具将表面拉毛，深度要≥4 mm；拉毛过程中速度要慢，确保拉毛整齐、方向保持一致。

③浇捣后 20～40 分钟取出预留预埋工装。

进窑养护：

①确认台车编号、构件编号、入窑时间并指定入窑位置后做好记录（注意进窑时边模级夹具等任何物件不得伸出模台边缘）。

②养护时要按规定的时间周期检查养护系统测试的窑内温度、湿度，做好检查记录。

③养护过程中，要做好定期的现场检查、巡视工作，及时发现窑内自然条件的变化。

拆模吊装：

①脱模混凝土强度应不小于 15 MPa（需使用回弹仪在不同点位测试 10 次以上）。

②脱模时使用橡胶锤轻轻敲击边模，使其脱落，切勿暴力拆模，损坏模具。

③脱模后要按照构件图纸将构件编码及吊装方向清楚标注于构件上，一定要核对仔细，保证后续构件的定位及安装。

检修入库：

①构件脱模后，存在不影响结构性能、钢筋、预埋件或者连接件锚固的局部破损和构件表面的非受力裂缝时，可用修补浆料进行表面修补后使用。

②检修合格后方可扫码入库。

预制墙板安装实训任务书

实训项目：预制墙板安装实训。

实训时间：2学时。

实训方法：①下发实训任务书和实训所需的材料；②角色扮演，即在实训室中，老师先使用虚拟仿真软件操作并讲解预制墙板安装实训过程，学生认真学习，然后扮演技术岗位角色，模拟操作预制墙板安装并填写操作流程；③成果提交，即学生以技术岗位角色在施工管理系统中上传在本实训任务中的实训成果，老师在此系统中对提交的成果进行批阅。

实训目的：表明实训过程要培养的知识、技能、素质目标。

(1)知识目标如下：

①了解预制墙板安装的施工标准；

②掌握预制墙板安装的施工工艺和安装过程中的调节校正措施要点。

(2)技能目标：能够进行预制构件吊装及后续连接节点安装的相关工作。

(3)素质目标如下：

①培养学生的观察能力、语言表达能力和动手操作能力；

②培养学生严谨、认真、负责对待工作的工作态度；

③培养学生团结协作和独立思考的能力。

实训步骤：①预制墙板安装讲解；②预制墙板安装实操。

实训考核内容及方式：①实训成绩(100%)＝过程考核(70%)＋平时成绩(30%)；②过程考核(70%)主要围绕实践操作过程熟练程度、完整度和表格填写正确性等评价；③平时成绩根据学习态度、出勤情况评价。

实训内容及任务要求

<table>
<tr><td>实训项目</td><td>预制墙板安装实训</td><td>实训时间</td><td>2学时</td></tr>
<tr><td colspan="4">实训步骤一：预制墙板安装讲解。
①准备工具：领取吊装所需工具及仪器，做好吊装前的准备。
②老师带领学生参观墙板安装工位，讲解吊装安装流程及需重点关注的注意事项。
③可使用虚拟仿真软件，学习吊装过程，模拟完毕后进行分组，合作完成墙板吊装实训任务。
实训步骤二：预制墙板安装实操。
①学生分组进行墙板吊装实操训练，学习掌握吊装要点。
②掌握安装定位要点，尤其是墙板定位后的垂直度调节及斜支撑安装。
③回忆安装全过程(见附表1)，记录安装流程(见附表2)及学习心得。</td></tr>
<tr><td colspan="4">实训成果要求：
预制墙板安装实训报告。</td></tr>
<tr><td colspan="4">实训考核内容及方式：
①实训成绩(100%)＝过程考核(70%)＋平时成绩(30%)。
②过程考核(70%)主要围绕实践操作过程熟练程度、讲解完整度和表格填写正确性等评价。
③平时成绩根据学习态度、出勤情况评价。</td></tr>
</table>

附表 1

预制墙板安装
制作流程：
学习心得：

附表 2

预制墙板安装流程
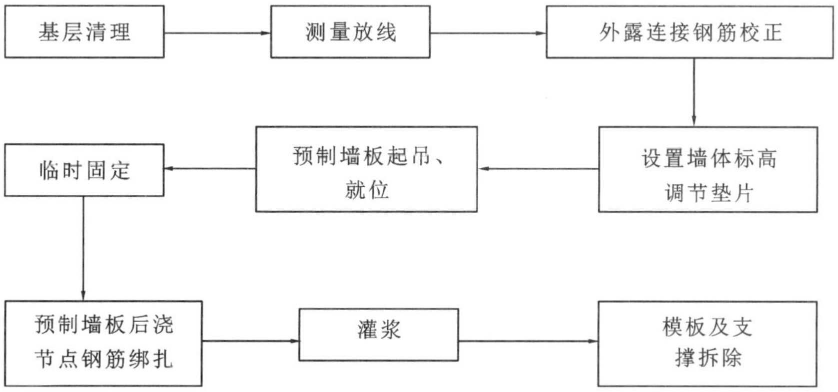

续表

基层清理：

构件起吊前，要对基准面进行清理，保证放置处无杂物、混凝土残渣，外伸钢筋无严重锈蚀。

测量放线：

①根据坐标设置四条标准轴线（纵横轴方向各两条）控制桩，用经纬仪或全站仪定出建筑物的四条控制轴线，将轴线的交叉点作为控制点，上部结构常用内控法。

②轴线放线偏差不得超过 3 mm；放线遇连续偏差时，应考虑从建筑物中间一条轴线向两侧调整。

③墙板放线要求为根据各块板的长度放出控制边线，每块墙板板缝必须控制在 15～25 mm（±5 mm），并保证相邻的板缝相对均匀。

④预制墙体安装的定位控制线弹设于结构面上，墙体位置 50 借线和洞口暗柱位置为实线。

外露连接钢筋校正：

吊装前要将下层连接钢筋及外伸钢筋的位置进行校正，调节钢筋垂直度，以保证钢筋能顺利插入连接套筒。

设置墙体标高调节垫片：

预制墙板吊装前，在现浇层上安置钢垫片，高 20 mm，用靠尺确定垫片之间标高一致，再用灌浆料沿墙外边四面围合使其内部形成封闭的空腔，围合高度为 20 mm，宽度为 20 mm。

预制墙板起吊、就位：

①根据预制墙板的吊环位置采用合理的起吊点，用卸扣将钢丝绳与内墙板的预留吊环连接，起吊至距地 500 mm 后暂停，检查起重机的稳定性、制动装置的可靠性和绑扎的牢固性等，检查构件外观质量及吊环连接无误后方可继续起吊。已起吊的构件不得长久停止在空中。严禁超载和吊装重量不明的重型构件和设备，起吊要求缓慢匀速，保证预制墙板边缘不被损坏。

②预制墙板吊装时，要求塔吊缓慢起吊，吊至作业层上方下降到距地 1 m 位置，吊装人员抓住墙板两端，缓缓下降墙板，墙板下方放置镜子便于对插筋孔，墙板就位后安装斜支撑。

临时固定：

用螺栓将预制墙板的斜支撑杆安装在预制墙板上预留套筒连接件上，下端连接预制板上预埋的铆环进行固定，根据靠尺刻度调节对预制墙板进行垂直度调整，直到墙板垂直度达到设计要求。在墙底部利用之前测量放线留下的 500 mm 距离的控制线进行位置复核，进一步控制墙板位置的精度。待垂直度和位置都符合设计要求后在墙底部安装定位件固定，锁死斜支撑下端拉环防止人为转动斜支撑造成垂直度偏差。

墙板斜支撑示意图如下图所示。

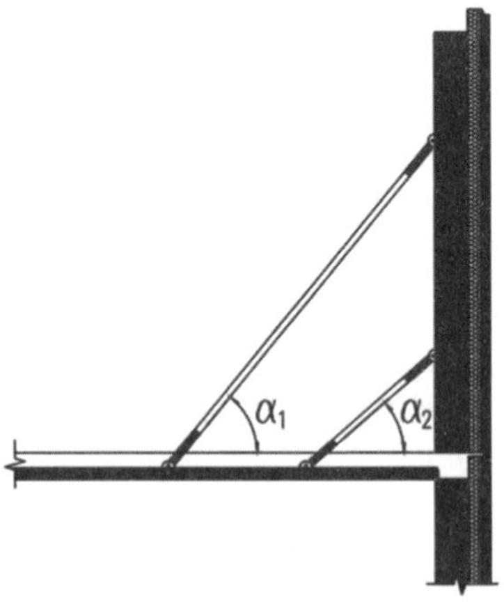

具体调节校正措施如下。

平行和垂直墙板方向水平位置矫正措施为通过在楼板面上弹出墙板控制线进行墙板位置校正，墙板按照位置线就位后，若水平位置有偏差需要调节，则可利用撬棍进行微调。

续表

墙板垂直度校正措施为待墙板水平就位调节完毕后，利用拉环斜支撑调节，在墙板光滑面放上靠尺，同时、同旋转方向调节斜支撑直到尺度达到设计要求，墙侧面放靠尺检查墙板水平度，加减垫块直到水平度达到设计要求。 模板及支撑拆除： 斜支撑和定位件安装及拆除要求为斜支撑设置两道支撑，长斜支撑在墙板上的固定高度为 2.25 m，下端连接的铆环距离墙板的水平距离为 1.21 m，安装角度为 45°～60°；短斜支撑在墙板上的固定高度为 0.45 m，下端连接的铆环距离墙板的水平距离为 0.81 m，安装角度为 30°～45°。预制墙板斜支撑和限位装置应在连接节点和连接接缝部位后浇混凝土或灌浆料强度达到设计要求后拆除；当设计无具体要求时，后浇混凝土或清浆料达到设计强度的 75%以上方可拆除。预制墙板斜支撑拆除宜在现浇墙体混凝土模板拆除前进行。拆除的模板和支撑应分散堆放并及时清运，应采取措施避免施工集中堆载。

套筒灌浆实训任务书

实训项目：套筒灌浆实训。

实训时间：2 学时。

实训方法：①下发实训任务书和实训所需的材料；②角色扮演，即在实训室中，老师先操作并讲解套筒灌浆实训过程，学生认真学习，然后扮演技术岗位角色，模拟操作套筒灌浆并填写操作流程；③成果提交，即学生以技术岗位角色在施工管理系统中上传在本实训任务中的实训成果，老师在此系统中对提交的成果进行批阅。

实训目的：表明实训过程要培养的知识、技能、素质目标。

(1)知识目标如下：

①了解钢筋套筒灌浆中灌浆料检测的标准；

②掌握钢筋套筒灌浆的施工内容、施工工艺和灌浆过程中应注意的施工要点。

(2)技能目标如下：

①会进行灌浆料的制备和质量控制方法；

②能够进行装配安装中构件钢筋套筒灌浆连接施工和质量控制。

(3)素质目标如下：

①培养学生的观察能力、语言表达能力和动手操作能力；

②培养学生严谨、认真、负责对待工作的工作态度；

③培养学生团结协作和独立思考的能力。

实训步骤：①灌浆料流动度检测；②套筒灌浆连接实训；③信息化管理。

实训考核内容及方式：①实训成绩(100%)＝过程考核(70%)＋平时成绩(30%)；②过程考核(70%)主要围绕实践操作过程熟练程度、完整度和表格填写正确性等评价；③平时成绩根据学习态度、出勤情况评价。

实训内容及任务要求

实训项目	套筒灌浆实训	实训时间	2 学时

实训步骤一：灌浆料流动度检测。

①准备工具：用于流动度试验的截锥试模、玻璃板(500 mm×500 mm)，钢板尺(卷尺)，用于把木头塞打进注浆孔封堵的手锤，测量温度的测温仪，小铁锹，剪刀。

②老师带领学生参观体验馆内灌浆工位，讲解装配整体式剪力墙结构竖向连接原理，并指出预留套筒所在位置。

③参观构件竖向连接构造，老师讲解套筒灌浆流程，进行灌浆操作演示，布置任务(根据表格记录灌浆料的流动性指标)。

④学生两人一组配合测量灌浆料(见下图)并做好记录(见附表 1 和附表 2)。

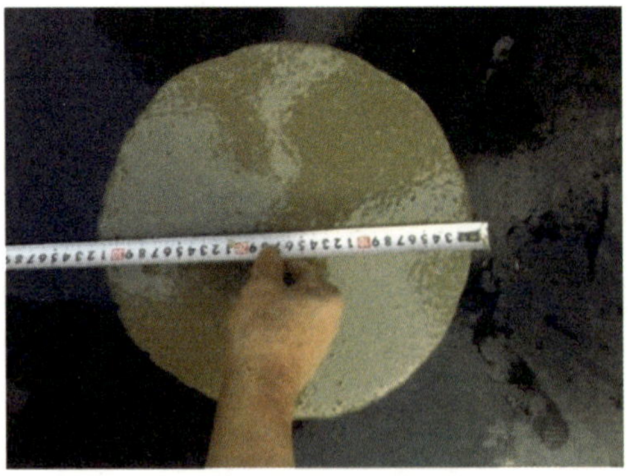

续表

实训步骤二：套筒灌浆连接实训。

①准备工具：用于盛水的量杯、不锈钢水桶，用于把木头塞打进注浆孔封堵的手锤，用于搅拌注浆料的手提变速搅拌机，用于计量水和注浆料的电子秤、量杯，用于向墙体注浆的注浆器、灌浆机，用于湿润接触面的水枪。

②老师带领学生参观体验馆内灌浆工位，讲解装配整体式剪力墙结构竖向连接原理，并指出预留套筒所在位置。

③参观构件竖向连接构造，老师讲解套筒灌浆流程，进行灌浆操作演示，布置任务（根据表格记录灌浆实训过程）。

④学生两人一组配合进行灌浆操作并做好记录（见附表3）。

实训步骤三：信息化管理。

①步骤二结束后，学生填写操作心得与套筒灌浆实训过程。

②将填好的实训成果上传至施工管理系统，进行信息化管理，如下图所示。

③记录套筒灌浆流程（见附表4）。

待两组学生实训完毕各自项目后，互换项目进行操作，步骤和上述步骤一致。

实训成果要求：

①灌浆料的配合比报告、流动度报告、抗压试块试验报告。

②套筒灌浆连接实训报告。

实训考核内容及方式：

①实训成绩（100%）＝过程考核（70%）＋平时成绩（30%）。

②过程考核（70%）主要围绕实践操作过程熟练程度、讲解完整度和表格填写正确性等评价。

③平时成绩根据学习态度、出勤情况评价。

附表 1

灌浆料流动度检测		
时间/min	工作性能要求/mm	实际流动度/mm
0	≥300	
30	≥260	

附表 2

灌浆料抗压强度检测		
时间/d	工作性能要求/(N/mm^2)	实际强度
1	≥35	
3	≥60	
28	≥85	

附表 3

套筒灌浆
施工流程：
学习心得：

附表 4

套筒灌浆流程

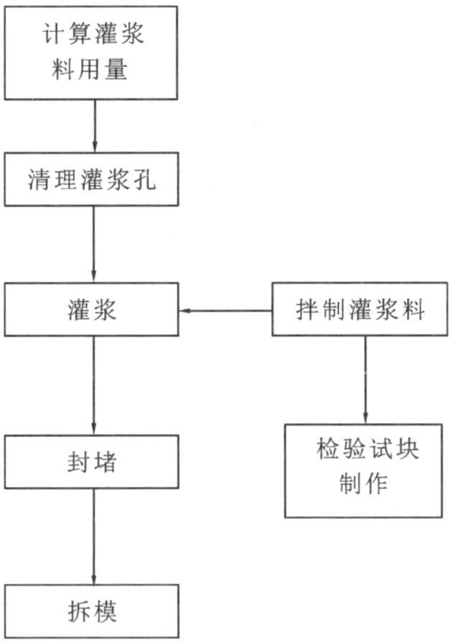

计算灌浆料用量：

测量并计算需灌注接头数量或灌浆空间体积，计算灌浆料用量(按 2.1 t/m³ 计算)。

清理灌浆孔：

①灌浆施工前，用铁丝清理灌浆孔，检查灌浆孔是否畅通。

②灌浆施工前，在出浆孔部位灌入适量清水，以确保内部灌浆面湿润。

拌制灌浆料：

拌制灌浆料时，加水量必须严格根据产品提供的出厂检测报告计算得出(报告给出的数据为水料比，如水料比为 12%，即每包 20 kg 的干料兑 2.4 kg 水)，拌合水必须称重后加入，精确至 0.01 kg，拌合水应符合现行行业标准《混凝土用水标准》(JGJ 63—2006) 的规定。拌制好的灌浆料要进行流动度检测，需用尺寸为 500 mm×500 mm×6 mm 的钢化玻璃板，使用截锥试模取样后将灌浆料放置在玻璃板上测量流动度，初始拌合料的性能指标不小于 300 mm，30 min 后的性能指标不小于 260 mm。

搅拌机、灌浆器就位后，首先将全部拌合水加入搅拌桶，然后加入约 70%的灌浆干粉料，搅拌至均匀(1～2 min)，最后将剩余干料全部加入，再搅拌 3～4 min 至浆体均匀；搅拌均匀后，静置 2～3 min 排气，然后注入灌浆器中进行灌浆作业。

灌浆、封堵：

①灌浆时，若套筒的排浆孔溢出砂浆，应立即封堵灌浆孔和排浆孔。

②多个接头联通灌浆时，依接头灌浆或排浆孔溢出砂浆的顺序，依次将溢出砂浆的排浆孔用专用堵塞塞件，待所有套筒排浆孔均有砂浆溢出时，停止灌浆，并将灌浆孔封堵。

③灌浆过程中应随时搅拌，避免沉淀、凝固。

④灌浆完毕后，立即用清水清洗搅拌机、灌浆器等灌浆器具。

检验试块制作：

为指导拆模及控制扰动，可在灌浆时用三联强度模做同时期试块用于抗压强度测验，尺寸为 40 mm×40 mm×160 mm，制作好的试块要在接头(构件现场)实际环境温度下放置并密封保存(与接头处灌浆料类似条件)。抗压性能指标为 1 d≥35 MPa，3 d≥60 MPa，28 d≥85 MPa。

预制墙板打胶封缝实训任务书

实训项目：预制墙板打胶封缝实训。

实训时间：2 学时。

实训方法：①下发实训任务书和实训所需的材料；②角色扮演，即在实训室中，老师先操作并讲解预制墙板打胶封缝实训过程，学生认真学习，然后扮演技术岗位角色，模拟操作预制墙板打胶封缝并填写操作流程；③成果提交，即学生以技术岗位角色在施工管理系统中上传在本实训任务中的实训成果，老师在此系统中对提交的成果进行批阅。

实训目的：表明实训过程要培养的知识、技能、素质目标。

(1)知识目标如下：

①了解预制墙板打胶封缝的施工标准；

②掌握预制墙板打胶封缝的施工工艺和施工要点。

(2)技能目标：能够进行预制构件密封防水作业。

(3)素质目标如下：

①培养学生的观察能力、语言表达能力和动手操作能力；

②培养学生严谨、认真、负责对待工作的工作态度；

③培养学生团结协作和独立思考的能力。

实训步骤：①预制墙板打胶流程讲解；②预制墙板打胶过程实操。

实训考核内容及方式：①实训成绩(100%)＝过程考核(70%)＋平时成绩(30%)；②过程考核(70%)主要围绕实践操作过程熟练程度、完整度和表格填写正确性等评价；③平时成绩根据学习态度、出勤情况评价。

实训内容及任务要求

实训项目	预制墙板打胶封缝实训	实训时间	2 学时
实训步骤一：预制墙板打胶流程讲解。 ①准备工具：领取打胶所需工具及材料，做好打胶前的准备。 ②老师带领学生参观墙板安装工位，讲解打胶施工流程及需重点关注的注意事项。 ③观看视频演示，运用虚拟仿真软件模拟打胶过程，模拟完毕后进行分组，合作完成墙板打胶实训任务。 实训步骤二：预制墙板打胶过程实操。 ①学生分组进行墙板打胶实操训练，学习掌握吊装要点。 ②掌握施工要点，尤其是打胶时的厚度、方向、施工缝搭接长度等。 ③回忆打胶全过程(见附表 1)，记录打胶封缝流程(见附表 2)及学习心得。			
实训成果要求： 预制墙板打胶封缝实训报告。			
实训考核内容及方式： ①实训成绩(100%)＝过程考核(70%)＋平时成绩(30%)。 ②过程考核(70%)主要围绕实践操作过程熟练程度、讲解完整度和表格填写正确性等评价。 ③平时成绩根据学习态度、出勤情况评价。			

附表 1

预制墙板打胶封缝
施工流程：
学习心得：

附表 2

预制墙板打胶封缝流程

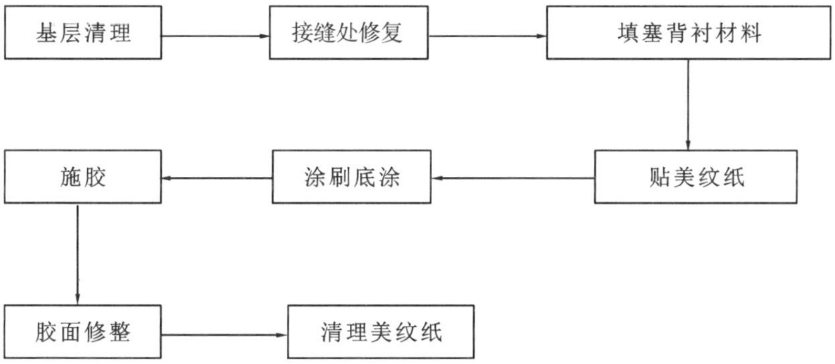

基层清理：

①用角磨机清理水泥浮浆。

②用钢丝刷清理杂质及不利于粘接的异物。

③用羊毛刷清理残留灰尘。

④基底层和预留空腔内必须使用高压空气枪清理干净。

接缝处修复：

①清理破损、松散的混凝土，剔除突出的鼓包，采用防水砂浆分层修补，随机抹压防水砂浆，防水砂浆应压实、压光使其与基层紧密结合。

②接缝宽度大于 40 mm 时应进修补。

填塞背衬材料：

①背衬材料的主要作用是控制密封胶的施胶深度(接缝宽小于 10 mm 时，宽深比为 1∶1；接缝宽大于 10 mm 时，宽深比为 2∶1)以及避免密封胶三面粘接。

②背衬材料应大于接缝 25%，一般采用柔软闭孔的圆形聚乙烯泡沫棒。

续表

贴美纹纸：

美纹纸应遮盖住拼缝边缘，要注意美纹纸本身的顺直美观。

涂刷底涂：

①根据密封胶提供商提供的材料性能和基层要求确定是否需要涂刷。

②底涂涂刷应一次涂刷好，避免漏刷以及反复涂刷。

③底涂应晾置完全干燥后才能施胶(具体时间以材料性能为准)。

施胶：

①施胶前应确保基层干净、干燥，确保宽深比为 2∶1 或 1∶1。

②施胶时胶嘴探到接缝底部，保持匀速连续打足够的密封胶并保证有少许外溢，避免胶体和胶条下产生空腔；当接缝宽度大于 30 mm 时，应分两步施工，即打一半之后用刮刀或刮片下压密封胶，再打另一半。打竖缝时，建议从下往上施工，保证密封胶填满缝隙。

③打胶中断时要留好施工缝，施工缝内高外低，互相搭接不能少于 5 cm。

胶面修整：

密封胶施工完成后用压舌棒、刮片或其他工具将密封胶刮平压实，用抹刀修饰出平整的凹边缘，加强密封胶效果，禁止反复刮胶，保持刮胶工具干净。

清理美纹纸：

密封胶修整完后清理美纹纸，美纹纸必须在密封胶干之前揭下。

职业技能等级标准

“1＋X”装配式建筑构件制作与安装职业技能等级证书
科目二实操考核

考核内容

序号	考核项目	考核内容	参考时间	考核方式	备注
1	构件制作	模具组装、钢筋绑扎与预埋件预埋（梁、柱、板、墙）	叠合板制作约 60 分钟，内墙板制作约 90 分钟，预制梁和预制柱制作为 60～90 分钟，根据抽签结果确定制作构件类型	分组考试，单人评分	必考项
2	构件安装	剪力墙外墙板吊装及连接、外墙挂板吊装	90 分钟		三选一，抽签决定
3	构件灌浆	套筒灌浆（剪力墙）	90 分钟		
4	打胶封缝	外墙十字缝接缝防水施工	30 分钟	单人操作，单人评定	

注：1. 构件制作：必考项，4 人/组。考位数量需要满足参加考试的人数要求。考生数量不是考位数量的整数倍时，可安排辅考人员参加分组考试，保证考位数量与考生数量（含辅考人员）匹配。

2. 装配施工：可选项，构件安装（4 人/组）、构件灌浆（3 人/组）、打胶封缝（1 人/组）3 选 1，考前抽签确定。考位数量在满足分组要求的情况下，与考生数量相等。每场考试时，装配施工的三个考项均需要设置考位。原则上装配施工考试项目按照人数进行考试批次安排，不安排辅考人员。若抽签后报名考生未能参加考试，经考试组同意后，辅考人员作为替补参与考试，缺考考生作为不合格处理。

科目二构件制作实操考核

(1)构件制作实操评分记录表。

“构件制作——1号考核人员”实操评分记录表

考核人员：__________ 考核编号：__________ 考场：__________ 考核时间：__________

一、主导考核项(70分)

序号	考核项	考核内容(工艺流程+质量控制+组织能力+生产安全)		评分标准	评分	核分	说明
1	生产前准备(35分)	劳保用品准备	佩戴安全帽	内衬圆周大小调节到头部稍有约束感为宜；系好下颚带，下颚带应紧贴下颚，松紧以下颚有约束感但不难受为宜。均满足以上要求可得满分，否则得0分	3	35	
			穿戴劳保工装、防护手套	劳保工装做到“统一、整齐、整洁”，做到“三紧”(领口紧、袖口紧、下摆紧)，严禁卷袖口、卷裤腿等现象；必须正确佩戴手套，方可进行实操考核。均满足以上要求可得满分，否则得0分	3		
		领取工具	根据生产工艺选择工具	发布“领取工具”指令，指挥主操人员领取全部工具。满足以上要求可得满分，否则不得分	4		
		领取模具	依据图纸进行模具选型	发布“领取模具”指令，指挥主操人员正确使用工具(钢卷尺)选型，领取模具。满足以上要求可得满分，否则不得分	4		
			模具清理	发布“模具清理”指令，指挥主操人员正确使用工具(抹布)清理模具。满足以上要求可得满分，否则不得分	2		
		领取钢筋	依据图纸进行钢筋选型(规格、加工尺寸、数量)	发布“领取钢筋”指令，指挥主操人员正确使用工具(钢卷尺、游标卡尺)选型，领取钢筋。满足以上要求可得满分，否则不得分	4		
			钢筋清理	发布“钢筋清理”指令，指挥主操人员正确使用工具(抹布)清理钢筋。满足以上要求可得满分，否则不得分	2		
		领取预埋件	依据图纸进行预埋件选型(吊件、套筒及配管、线盒、PVC管等)及数量确定	发布“领取预埋件”指令，指挥主操人员领取预埋件。满足以上要求可得满分，否则不得分	4		
		领取辅材	辅材选型(扎丝、垫块、波胶、套筒固定锁等)及数量确定	发布“领取辅材”指令，指挥主操人员根据图纸领取辅材。满足以上要求可得满分，否则不得分	4		
			生产场地卫生检查及清扫	发布“场地检查”指令，指挥主操人员使用工具(扫把)规范清理场地。满足以上要求可得满分，否则不得分	3		
		卫生检查及清理	模台清理	发布“模台清理”指令，指挥主操人员使用工具(扫把)规范清理模台。满足以上要求可得满分，否则不得分	2		

续表

序号	考核项	考核内容（工艺流程＋质量控制＋组织能力＋生产安全）		评分标准	评分	核分	说明
2	质量控制（20分）	工具选择	工具选择合理、数量准确	生产前准备质量控制贯穿整个考核过程，若后面操作过程中发现工具、模具、钢筋、预埋件、辅材等型号和数量有误，则返回此项扣分，满足要求得满分，否则不得分	3	20	
		模具选型	模具选型合理、数量准确		3		
		钢筋选型	钢筋选型合理、数量准确		4		
		预埋件选型	预埋件选型合理、数量准确		3		
		辅材选择	辅材选型合理、数量准确		3		
		卫生检查及清理	场地干净清洁		2		
			模台干净清洁		2		
3	组织协调（15分）	指令明确		指令明确、口齿清晰、无明显错误得满分，否则不得分	5	15	
		分工合理		分工合理、无窝工或分工不均情况得满分，否则不得分	5		
		纠正错误操作		及时纠正主操人员错误操作并给出正确指导得满分，否则不得分	5		
4	安全生产	生产过程中严格按照安全文明生产规定操作，无恶意损坏工具、原材料及无因操作失误伤害考试干系人等行为		出现危险操作，主导人及时制止，判定主导人合格，判定对应主操人不合格	合格、不合格	1号不合格、2号不合格、3号不合格、4号不合格	此处可多选
				出现危险操作，主导人未制止，判定主导人和对应主操人不合格			

续表

二、主操考核项(30分)						
序号	考核项	考核内容(团队协作+工艺实操)	评分标准	记录	核分	说明
1	模具组装(10分)	按照主导人指令完成工艺操作	(1)服从指挥,配合其他人员得5分; (2)正确使用工具和材料,按照主导人指令完成工艺操作得5分; (3)满分为10分,全部符合得10分,一项符合得5分,都不符合不得分	10/5/0		当主导人员指挥有误,如选取工具或材料错误,主操人员不能提醒,按照指令执行即可,此时扣主导人员的分数,不扣主操人员的分数
2	钢筋绑扎与预埋件安装(10分)			10/5/0		
3	质量检验与工完料清(10分)			10/5/0		
总分	100	考核结果	合格、不合格	合计		
考官签字:						

“构件制作——2号考核人员”实操评分记录表

考核人员：____________考核编号：____________考场：____________考核时间：____________

一、主导考核项(70分)

序号	考核项	考核内容(工艺流程+质量控制+组织能力+生产安全)	评分标准	评分	核分	说明
1	模具组装工艺流程(35分)	依据图纸在模台上划线	发布“划线”指令，指挥主操人员正确使用划线工具(墨盒、钢卷尺、角尺、铅笔)，规范划线。满足以上要求可得满分，否则不得分	6	35	
		依据模台划线位置进行模具摆放	发布“模具摆放”指令，指挥主操人员根据划线正确摆放模具。满足以上要求可得满分，否则不得分	6		
		模具初固定操作	发布“模具初固定”指令，指挥主操人员正确使用工具(扳手、螺栓)，相邻模具初固定，墙板固定端直接终固定。满足以上要求可得满分，否则不得分	5		
		模具测量校正	发布“模具测量校正”指令，指挥主操人员正确使用工具(钢卷尺、塞尺、钢直尺、橡胶锤等)，检测模具组装长度、宽度、高(厚)度、对角线差、组装缝隙、模具间高低差等是否符合要求，若超出误差范围则用橡胶锤进行调整。满足以上要求可得满分，否则不得分	8		
		模具终固定操作	发布“模具终固定”指令，指挥主操人员正确使用工具(橡胶锤、磁盒、扳手)，依次终固定螺栓和磁盒。满足以上要求可得满分，否则不得分	5		
		模台、模具涂刷脱模剂、缓凝剂	发布“模台、模具涂刷脱模剂、缓凝剂”指令，指挥主操人员正确使用工具(滚筒)，根据不同构件类型选择不同材料(脱模剂、缓凝剂)，模台涂刷脱模剂，内剪力墙、叠合板模具涂刷缓凝剂，梁、柱模具涂刷脱模剂和缓凝剂。满足以上要求可得满分，否则不得分	5		

续表

<table>
<tr><th>序号</th><th>考核项</th><th colspan="2">考核内容(工艺流程+质量控制+组织能力+生产安全)</th><th>评分标准</th><th>评分</th><th>核分</th><th>说明</th></tr>
<tr><td rowspan="10">2</td><td rowspan="10">质量控制(20分)</td><td>模具选型</td><td>模具选型合理、数量准确</td><td rowspan="10">模具终固定后由4号考核人员主导“模具组装质量检验”,根据测量数据判断是否符合模具组装标准,在误差范围之内得满分,否则不得分(综合考虑设备和模具匹配精度问题,建议适当放大允许误差范围2~3倍,但构件实际生产过程中允许误差范围严格按照国家标准执行)</td><td>2</td><td rowspan="10">20</td><td rowspan="10">参照标准《装配式混凝土建筑技术标准》(GB/T 51231—2016)表9.3.3</td></tr>
<tr><td rowspan="2">模具固定标准</td><td>磁盒固定牢固、无松动</td><td>2</td></tr>
<tr><td>相邻模具固定牢固、无松动</td><td>2</td></tr>
<tr><td rowspan="7">模具组装标准</td><td>长度误差范围(−3~5 mm)</td><td>2</td></tr>
<tr><td>宽度误差范围(3~5 mm)</td><td>2</td></tr>
<tr><td>高(厚)度误差范围(3~5 mm)</td><td>2</td></tr>
<tr><td>对角线差误差范围(0~3 mm)</td><td>3</td></tr>
<tr><td>组装缝隙误差范围(0~3 mm)</td><td>3</td></tr>
<tr><td>模具间高低差误差范围(0~3 mm)</td><td>2</td></tr>
<tr><td rowspan="3">3</td><td rowspan="3">组织协调(15分)</td><td colspan="2">指令明确</td><td>指令明确、口齿清晰、无明显错误得满分,否则不得分</td><td>5</td><td rowspan="3">15</td><td rowspan="3"></td></tr>
<tr><td colspan="2">分工合理</td><td>分工合理、无窝工或分工不均情况得满分,否则不得分</td><td>5</td></tr>
<tr><td colspan="2">纠正错误操作</td><td>及时纠正主操人员错误操作并给出正确指导得满分,否则不得分</td><td>5</td></tr>
<tr><td rowspan="2">4</td><td rowspan="2">安全生产</td><td colspan="2" rowspan="2">生产过程中严格按照安全文明生产规定操作,无恶意损坏工具、原材料及无因操作失误伤害考试干系人等行为</td><td>出现危险操作,主导人及时制止,判定主导人合格,判定对应主操人不合格</td><td rowspan="2">合格、不合格</td><td rowspan="2">1号不合格、2号不合格、3号不合格、4号不合格</td><td rowspan="2">此处可多选</td></tr>
<tr><td>出现危险操作,主导人未制止,判定主导人和对应主操人不合格</td></tr>
</table>

续表

<table>
<tr><td colspan="8">二、主操考核项(30分)</td></tr>
<tr><td>序号</td><td>考核项</td><td colspan="2">考核内容(团队协作+工艺实操)</td><td>评分标准</td><td>记录</td><td>核分</td><td>说明</td></tr>
<tr><td>1</td><td>生产前准备(10分)</td><td colspan="2" rowspan="3">按照主导人指令完成工艺操作</td><td rowspan="3">(1)服从指挥,配合其他人员得5分;
(2)正确使用工具和材料,按照主导人指令完成工艺操作得5分;
(3)满分为10分,全部符合得10分,一项符合得5分,都不符合不得分</td><td>10/5/0</td><td rowspan="3"></td><td rowspan="3">当主导人员指挥有误,如选取工具或材料错误,主操人员不能提醒,按照指令执行即可,此时扣主导人员的分数,不扣主操人员的分数</td></tr>
<tr><td>2</td><td>钢筋绑扎与预埋件安装(10分)</td><td>10/5/0</td></tr>
<tr><td>3</td><td>质量检验与工完料清(10分)</td><td>10/5/0</td></tr>
<tr><td colspan="2">总分</td><td>100</td><td>考核结果</td><td>合格、不合格</td><td>合计</td><td></td><td></td></tr>
<tr><td colspan="8">考官签字:</td></tr>
</table>

"构件制作——3号考核人员"实操评分记录表

考核人员：__________ 考核编号：__________ 考场：__________ 考核时间：__________

一、主导考核项(70分)

序号	考核项	考核内容(工艺流程＋质量控制＋组织能力＋生产安全)		评分标准	评分	核分	说明
1	钢筋绑扎与预埋件安装工艺流程(35分)	钢筋摆放绑扎	依据图纸进行水平钢筋摆放	发布"水平钢筋摆放"指令，指挥主操人员按照图纸中钢筋位置和钢筋类型摆放。满足以上要求可得满分，否则不得分	5	35	
			依据图纸进行竖向钢筋摆放	发布"竖向钢筋摆放"指令，指挥主操人员按照图纸中钢筋位置和钢筋类型摆放。满足以上要求可得满分，否则不得分	5		
			依据图纸进行附加钢筋(如桁架钢筋、拉筋、箍筋等)摆放	发布"附加钢筋摆放"指令，指挥主操人员按照图纸中钢筋位置和钢筋类型摆放。满足以上要求可得满分，否则不得分	4		
			钢筋绑扎	发布"钢筋绑扎"指令，指挥主操人员正确使用工具(扎钩、钢卷尺)和材料(扎丝)，规范要求四边满绑，中间600 mm梅花边绑扎，随时调整钢筋位置。满足以上要求可得满分，否则不得分(考虑时间问题，可四边边角处满绑)	6		
			放置垫块	发布"放置垫块"指令，指挥主操人员正确使用材料(垫块)，每间隔约500 mm放置一个垫块。满足以上要求可得满分，否则不得分	4		
		预埋件预埋	依据图纸进行预埋件摆放	发布"预埋件摆放"指令，指挥主操人员正确选择预埋件并摆放，使预埋件位置符合图纸要求。满足以上要求可得满分，否则不得分	4		
			预埋件固定	发布"预埋件固定"指令，指挥主操人员正确选择工具[扳手、扎钩(如有)、工装(如有)]和材料[扎丝(如有)]固定预埋件。满足以上要求可得满分，否则不得分	3		
		模具开孔封堵		发布"模具开孔封堵"指令，指挥主操人员正确使用材料(封堵材料)，封堵全部模具侧孔。满足以上要求可得满分，否则不得分	4		

续表

<table>
<tr><th>序号</th><th>考核项</th><th colspan="2">考核内容(工艺流程＋质量控制＋组织能力＋生产安全)</th><th>评分标准</th><th>评分</th><th>核分</th><th>说明</th></tr>
<tr><td rowspan="7">2</td><td rowspan="7">质量控制(20分)</td><td rowspan="4">钢筋摆放绑扎质量</td><td>钢筋型号及数量是否正确</td><td rowspan="7">“钢筋绑扎与预埋件安装”完成后由4号考核人员主导“钢筋绑扎与预埋件安装质量检验”,根据测量数据判断是否符合模具组装标准,在误差范围之内得满分,否则不得分(综合考虑设备和模具匹配精度问题,建议适当放大允许误差范围2～3倍,但构件实际生产过程中允许误差范围严格按照国家标准执行)</td><td>4</td><td rowspan="7">20</td><td></td></tr>
<tr><td>绑扎处是否牢固</td><td>3</td><td></td></tr>
<tr><td>钢筋间距误差范围(－10～10 mm)</td><td>3</td><td>任意抽取,连续测三档</td></tr>
<tr><td>外露钢筋长度误差范围(0～10 mm)</td><td>3</td><td></td></tr>
<tr><td rowspan="3">预埋件安装质量</td><td>预埋件选型合理、数量准确</td><td>2</td><td></td></tr>
<tr><td>安装牢固、无松动</td><td>2</td><td></td></tr>
<tr><td>－10 mm≤安装位置≤10 mm</td><td>3</td><td></td></tr>
<tr><td rowspan="3">3</td><td rowspan="3">组织协调(15分)</td><td colspan="2">指令明确</td><td>指令明确、口齿清晰、无明显错误得满分,否则不得分</td><td>5</td><td rowspan="3">15</td><td rowspan="3"></td></tr>
<tr><td colspan="2">分工合理</td><td>分工合理、无窝工或分工不均情况得满分,否则不得分</td><td>5</td></tr>
<tr><td colspan="2">纠正错误操作</td><td>及时纠正主操人员错误操作并给出正确指导得满分,否则不得分</td><td>5</td></tr>
<tr><td rowspan="2">4</td><td rowspan="2">安全生产</td><td colspan="2" rowspan="2">生产过程中严格按照安全文明生产规定操作,无恶意损坏工具、原材料及无因操作失误伤害考试干系人等行为</td><td>出现危险操作,主导人及时制止,判定主导人合格,判定对应主操人不合格</td><td rowspan="2">合格、不合格</td><td rowspan="2">1号不合格、2号不合格、3号不合格、4号不合格</td><td rowspan="2">此处可多选</td></tr>
<tr><td>出现危险操作,主导人未制止,判定主导人和对应主操人不合格</td></tr>
</table>

续表

<table>
<tr><th colspan="8">二、主操考核项(30 分)</th></tr>
<tr><th>序号</th><th>考核项</th><th colspan="2">考核内容(团队协作+工艺实操)</th><th>评分标准</th><th>记录</th><th>核分</th><th>说明</th></tr>
<tr><td>1</td><td>生产前准备(10 分)</td><td colspan="2" rowspan="3">按照主导人指令完成工艺操作</td><td rowspan="3">(1)服从指挥,配合其他人员得 5 分;
(2)正确使用工具和材料,按照主导人指令完成工艺操作得 5 分;
(3)满分为 10 分,全部符合得 10 分,一项符合得 5 分,都不符合不得分</td><td>10/5/0</td><td></td><td rowspan="3">当主导人员指挥有误,如选取工具或材料错误,主操人员不能提醒,按照指令执行即可,此时扣主导人员的分数,不扣主操人员的分数</td></tr>
<tr><td>2</td><td>模具组装(10 分)</td><td>10/5/0</td><td></td></tr>
<tr><td>3</td><td>质量检验与工完料清(10 分)</td><td>10/5/0</td><td></td></tr>
<tr><td colspan="2">总分</td><td>100</td><td>考核结果</td><td>合格、不合格</td><td>合计</td><td></td><td></td></tr>
<tr><td colspan="8">考官签字:</td></tr>
</table>

"构件制作——4号考核人员"实操评分记录表

考核人员：＿＿＿＿＿＿考核编号：＿＿＿＿＿＿考场：＿＿＿＿＿＿考核时间：＿＿＿＿＿＿

一、主导考核项（70分）

序号	考核项	考核内容（工艺流程＋质量控制＋组织能力＋生产安全）		评分标准	评分	核分	说明
1	质量检验工艺流程（27分）	模具组装质量检验	模具选型检验	发布"模具选型检验"指令，指挥主操人员正确使用检验工具（钢卷尺），按照图纸检验模具型号是否正确。满足以上要求可得满分，否则不得分	2	27	若检验不正确，则对1号考生质量控制"模具选型"考核项扣分
			模具固定检验	发布"模具固定检验"指令，指挥主操人员正确使用检验工具（橡胶锤）检验模具固定是否牢固。满足以上要求可得满分，否则不得分	2		若检验模具组装不牢固，则对2号考生质量控制"模具固定标准"考核项扣分
			模具组装尺寸检验	发布"模具组装尺寸检验"指令，指挥主操人员正确使用工具（钢卷尺、塞尺、钢直尺等），参照"2号考生模具质量控制标准"检测模具组装长度、宽度、高（厚）度、对角线差、组装缝隙、模具间高低差等是否符合要求。满足以上要求可得满分，否则不得分	2		若超出误差范围则对2号考生"模具组装标准"考核项扣分
			模具组装质量检查表填写	根据实际测量数据，规范填写模具组装质量检查表。满足以上要求可得满分，否则不得分	3		模具组装质量检查表的内容和2号考生质量控制的内容一致，提前打印并发给考生
		钢筋绑扎质量检验	钢筋选型及摆放检验	发布"钢筋选型及摆放检验"指令，指挥主操人员正确使用工具（钢卷尺、游标卡尺），根据图纸钢筋表检验钢筋型号是否正确。满足以上要求可得满分，否则不得分	2		若检验钢筋型号不在此构件出现，则对1号考生质量控制中"钢筋选型"考核项扣分；若检验钢筋摆错位置，则对3号考生质量控制中"钢筋摆放绑扎质量"考核项扣分
			钢筋绑扎检验	发布"钢筋绑扎检验"指令，指挥主操人员检验2～3处绑扎点是否牢固。满足以上要求可得满分，否则不得分	2		若检验有钢筋绑扎不牢固情况，则对3号考生质量控制中"绑扎处是否牢固"考核项扣分
			钢筋成品尺寸检验	发布"钢筋成品尺寸检验"指令，指挥主操人员正确使用工具（钢卷尺），根据图纸检验钢筋间距和外露钢筋是否符合要求。满足以上要求可得满分，否则不得分（抽检1处）	2		若检验有钢筋成品尺寸不合格情况，则对3号考生质量控制中"钢筋间距"和"外露钢筋长度"考核项扣分
			钢筋隐蔽工程检查表填写	根据实际测量数据，规范填写钢筋隐蔽工程检查表。满足以上要求可得满分，否则不得分	3		钢筋隐蔽工程检查表的内容和3号考生质量控制的内容一致，提前打印并发给考生

续表

<table>
<tr><th>序号</th><th>考核项</th><th colspan="2">考核内容(工艺流程+质量控制+组织能力+生产安全)</th><th>评分标准</th><th>评分</th><th>核分</th><th>说明</th></tr>
<tr><td rowspan="4">1</td><td rowspan="4">质量检验工艺流程(27分)</td><td rowspan="4">预埋件固定质量检验</td><td>预埋件选型检验</td><td>发布“预埋件选型检验”指令,指挥主操人员肉眼观察型号是否符合图纸要求。满足以上要求可得满分,否则不得分</td><td>2</td><td rowspan="4">27</td><td>若检验不正确,则对3号考生“质量控制-预埋件安装质量-预埋件选型”考核项扣分</td></tr>
<tr><td>预埋件位置检验</td><td>发布“预埋件位置检验”指令,指挥主操人员正确使用工具(钢卷尺)检验预埋件位置是否符合图纸要求。满足以上要求可得满分,否则不得分(抽检1处)</td><td>2</td><td>若检验不正确,则对3号考生“质量控制-预埋件安装质量-预埋件安装位置”考核项扣分</td></tr>
<tr><td>预埋件固定检验</td><td>发布“预埋件固定检验”指令,指挥主操人员检验预埋件固定是否牢固。满足以上要求可得满分,否则不得分</td><td>2</td><td>若检验不正确,则对3号考生“质量控制-预埋件安装质量-预埋件固定”考核项扣分</td></tr>
<tr><td>预埋件检查表填写</td><td>根据实际测量数据,规范填写预埋件检查表。满足以上要求可得满分,否则不得分</td><td>3</td><td>预埋件检查表的内容和3号考生质量控制的内容一致,提前打印并发给考生</td></tr>
<tr><td rowspan="6">2</td><td rowspan="6">工完料清工艺流程(8分)</td><td rowspan="3">拆解复位考核设备</td><td>拆除并复位预埋件</td><td>发布“拆除并复位预埋件”指令,指挥主操人员正确使用工具(扳手),依据先装后拆的原则拆除预埋件,并将预埋件放在原位。满足以上要求可得满分,否则不得分</td><td>1</td><td rowspan="6">8</td><td rowspan="6"></td></tr>
<tr><td>拆除并复位钢筋</td><td>发布“拆除并复位钢筋”指令,指挥主操人员正确使用工具(钢丝钳),依据先装后拆的原则拆除钢筋,并放在原位。满足以上要求可得满分,否则不得分</td><td>2</td></tr>
<tr><td>拆除并复位模具</td><td>发布“拆除并复位模具”指令,指挥主操人员正确使用工具(扳手、撬棍),依据先装后拆的原则拆除磁盒、螺栓,并将模具放在原位。满足以上要求可得满分,否则不得分</td><td>2</td></tr>
<tr><td colspan="2">工具入库</td><td>发布“工具入库”指令,指挥主操人员清点工具,对需要保养的工具(如工具污染、损坏)进行保养或将其交于工作人员处理。满足以上要求可得满分,否则不得分</td><td>1</td></tr>
<tr><td colspan="2">材料回收</td><td>回收可再利用的材料,放在原位,分类明确,摆放整齐。满足以上要求可得满分,否则不得分</td><td>1</td></tr>
<tr><td colspan="2">场地清理</td><td>发布“场地清理”指令,指挥主操人员正确使用工具(扫把)清理模台和地面,不得有垃圾(扎丝),清理完毕后归还清理工具。满足以上要求可得满分,否则不得分</td><td>1</td></tr>
</table>

续表

<table>
<tr><th>序号</th><th>考核项</th><th colspan="2">考核内容（工艺流程＋质量控制＋组织能力＋生产安全）</th><th>评分标准</th><th>评分</th><th>核分</th><th>说明</th></tr>
<tr><td rowspan="9">3</td><td rowspan="9">质量控制（20分）</td><td colspan="2">模具组装质量检查表填写质量</td><td rowspan="3">填写数据规范完整，不得漏填、错填。满足以上要求可得满分，否则不得分</td><td>3</td><td rowspan="9">20</td><td rowspan="9"></td></tr>
<tr><td colspan="2">钢筋隐蔽工程检查表填写质量</td><td>3</td></tr>
<tr><td colspan="2">预埋件检查表填写质量</td><td>3</td></tr>
<tr><td rowspan="3">设备复位质量</td><td>预埋件复位</td><td rowspan="3">拆除设备需放在原位，分类明确，摆放整齐。满足以上要求可得满分，否则不得分</td><td>2</td></tr>
<tr><td>钢筋复位</td><td>2</td></tr>
<tr><td>模具复位</td><td>2</td></tr>
<tr><td colspan="2">工具入库</td><td>归还工具放在原位，分类明确，摆放整齐。满足以上要求可得满分，否则不得分</td><td>2</td></tr>
<tr><td colspan="2">材料回收</td><td>回收可再利用的材料，放置原位，分类明确，摆放整齐。满足以上要求可得满分，否则不得分</td><td>2</td></tr>
<tr><td colspan="2">场地清理</td><td>场地和模台清洁、干净，无垃圾（扎丝）。满足以上要求可得满分，否则不得分</td><td>1</td></tr>
<tr><td rowspan="3">4</td><td rowspan="3">组织协调（15分）</td><td colspan="2">指令明确</td><td>指令明确、口齿清晰、无明显错误得满分，否则不得分</td><td>5</td><td rowspan="3">15</td><td rowspan="3"></td></tr>
<tr><td colspan="2">分工合理</td><td>分工合理、无窝工或分工不均情况得满分，否则不得分</td><td>5</td></tr>
<tr><td colspan="2">纠正错误操作</td><td>及时纠正主操人员错误操作并给出正确指导得满分，否则不得分</td><td>5</td></tr>
<tr><td rowspan="2">5</td><td rowspan="2">安全生产</td><td colspan="2" rowspan="2">生产过程中严格按照安全文明生产规定操作，无恶意损坏工具、原材料及无因操作失误伤害考试干系人等行为</td><td>出现危险操作，主导人及时制止，判定主导人合格，判定对应主操人不合格</td><td rowspan="2">合格、不合格</td><td rowspan="2">1号不合格、2号不合格、3号不合格、4号不合格</td><td rowspan="2">此处可多选</td></tr>
<tr><td>出现危险操作，主导人未制止，判定主导人和对应主操人不合格</td></tr>
</table>

续表

二、主操考核项(30分)						
序号	考核项	考核内容(团队协作＋工艺实操)	评分标准	记录	核分	说明
1	生产前准备(10分)	按照主导人指令完成工艺操作	(1)服从指挥,配合其他人员得5分; (2)正确使用工具和材料,按照主导人指令完成工艺操作得5分; (3)满分为10分,全部符合得10分,一项符合得5分,都不符合不得分	10/5/0		当主导人员指挥有误,如选取工具或材料错误,主操人员不能提醒,按照指令执行即可,此时扣主导人员的分数,不扣主操人员的分数
2	模具组装(10分)			10/5/0		
3	钢筋绑扎与预埋件安装(10分)			10/5/0		
总分	100	考核结果	合格、不合格	合计		
考官签字:						

(2)构件安装实操评分记录表。

"构件安装——1 号考核人员"实操评分记录表

考核人员：____________ 考核编号：____________ 考场：____________ 考核时间：____________

科目二构件吊装实操考核

一、主导考核项(70 分)

序号	考核项	考核内容(工艺流程＋质量控制＋组织能力＋施工安全)		评分标准	评分	核分	说明
1	施工前准备工艺流程(6 分)	劳保用品准备	佩戴安全帽	内衬圆周大小调节到头部稍有约束感为宜；系好下颚带，下颚带应紧贴下颚，松紧以下颚有约束感但不难受为宜。均满足以上要求可得满分，否则得 0 分	1	6	
			穿戴劳保工装、防护手套	劳保工装做到"统一、整齐、整洁"，做到"三紧"(领口紧、袖口紧、下摆紧)，严禁卷袖口、卷裤腿等现象；必须正确佩戴手套，方可进行实操考核。均满足以上要求可得满分，否则得 0 分	1		
		设备检查	检查施工设备(如吊装机具、吊具等)	发布"设备检查"指令，指挥主操人员操作开关(如有)或手动检查吊装机具是否正常运转、吊具是否正常使用。满足以上要求可得满分，否则不得分	1		
		领取工具	领取构件安装工具	发布"领取工具"指令，指挥主操人员领取工具，放在指定位置，摆放整齐。满足以上要求可得满分，否则不得分	1		如后期操作发现缺少工具，可回到此项扣分
		领取材料	领取构件安装材料	发布"领取材料"指令，指挥主操人员领取材料，放在指定位置，摆放整齐。满足以上要求可得满分，否则不得分	1		
		卫生检查及清理	施工场地卫生检查及清扫	发布"卫生检查及清理"指令，指挥主操人员使用工具(扫把)，规范清理场地。满足以上要求可得满分，否则不得分	1		
2	外墙挂板吊装工艺流程(29 分)	外墙挂板质量检查	依据图纸进行外墙挂板质量检查	发布"外墙挂板质量检查"指令，指挥主操人员正确使用工具(钢卷尺、靠尺、塞尺)，检查外墙挂板尺寸、外观、平整度、埋件位置及数量等是否符合图纸要求。满足以上要求可得满分，否则不得分	3	29	
		定位划线	弹控制线	发布"定位划线"指令，指挥主操人员正确使用工具(钢卷尺、墨盒、铅笔)，弹出 200～500 mm 控制线。满足以上要求可得满分，否则不得分	2		

续表

序号	考核项	考核内容(工艺流程＋质量控制＋组织能力＋施工安全)		评分标准	评分	核分	说明
2	外墙挂板吊装工艺流程(29分)	外墙挂板吊装	吊具连接	发布“吊具连接”指令，指挥主操人员选择吊孔，满足吊链与水平夹角不宜小于60°的要求。满足以上要求可得满分，否则不得分	2	29	
			外墙挂板试吊	发布“外墙挂板试吊”指令，指挥主操人员正确操作吊装设备起吊构件至距离地面约300 mm，停止，观察吊具是否安全。满足以上要求可得满分，否则不得分	3		
			外墙挂板吊运	发布“外墙挂板吊运”指令，指挥主操人员正确操作吊装设备吊运构件，保证缓起、匀升、慢落。满足以上要求可得满分，否则不得分	3		
			外墙挂板安装对位	发布“外墙挂板安装对位”指令，指挥主操人员正确操作设备吊装下落，使底部螺杆对准下连接件。满足以上要求可得满分，否则不得分	3		
		外墙挂板临时固定		发布“外墙挂板临时固定”指令，指挥主操人员正确使用工具(扳手)和材料(上连接件、螺栓)临时固定外墙挂板。满足以上要求可得满分，否则不得分	3		
		外墙挂板调整	外墙挂板位置测量及调整	发布“外墙挂板位置测量及调整”指令，指挥主操人员正确使用工具(钢卷尺、撬棍)调整位置。满足以上要求可得满分，否则不得分	3		
			外墙挂板垂直度测量及调整	发布“外墙挂板垂直度测量及调整”指令，指挥主操人员正确使用工具(线坠、钢卷尺或带刻度靠尺)检测垂直并进行调整。满足以上要求可得满分，否则不得分	3		
		外墙挂板终固定		发布“外墙挂板终固定”指令，指挥主操人员正确使用工具(扳手)终拧螺栓。满足以上要求可得满分，否则不得分	2		
		摘除吊钩		发布“摘除吊钩”指令，指挥主操人员依次摘除吊钩。满足以上要求可得满分，否则不得分	2		

续表

序号	考核项	考核内容(工艺流程+质量控制+组织能力+施工安全)		评分标准	评分	核分	说明
3	质量控制(20分)	工具选择	工具选择合理、数量准确	此部分由考评员评定	3	20	
		卫生质量	场地干净清洁		3		
		外墙挂板吊装质量	外墙挂板安装连接(螺栓牢固)	1号考核人员操作完毕后由4号考核人员主导“外墙挂板吊装质量检查”(也可最后统一检查),根据测量数据判断是否符合标准,在误差范围之内得满分,否则不得分	4		
			外墙挂板安装位置误差范围(0~8 mm)		5		
			外墙挂板垂直度误差范围(0~5 mm)		5		
4	组织协调(15分)	指令明确		指令明确、口齿清晰、无明显错误得满分,否则不得分	5	15	
		分工合理		分工合理、无窝工或分工不均情况得满分,否则不得分	5		
		纠正错误操作		及时纠正主操人员错误操作并给出正确指导得满分,否则不得分	5		
5	安全施工	施工过程中严格按照安全文明生产规定操作,无恶意损坏工具、原材料及无因操作失误伤害考试干系人等行为		出现危险操作,主导人及时制止,判定主导人合格,判定对应主操人不合格	合格、不合格	1号不合格、2号不合格、3号不合格、4号不合格	此处可多选
				出现危险操作,主导人未制止,判定主导人和对应主操人不合格			

二、主操考核项(30分)

序号	考核项	考核内容(团队协作+工艺实操)		评分标准	记录	核分	说明
1	1号剪力墙板吊装(10分)	按照主导人指令完成工艺操作		(1)服从指挥,配合其他人员得5分; (2)正确使用工具和材料,按照主导人指令完成工艺操作得5分; (3)满分为10分,全部符合得10分,一项符合得5分,都不符合不得分	10/5/0		当主导人员指挥有误,如选取工具或材料错误,主操人员不能提醒,按照指令执行即可,此时扣主导人员的分数,不扣主操人员的分数
2	2号剪力墙板吊装(10分)				10/5/0		
3	后浇段连接与工完料清(10分)				10/5/0		
总分		100	考核结果	合格、不合格	合计		

考官签字:

“构件安装——2 号考核人员”实操评分记录表

考核人员：__________ 考核编号：__________ 考场：__________ 考核时间：__________

一、主导考核项(70 分)

序号	考核项	考核内容(工艺流程＋质量控制＋组织能力＋施工安全)		评分标准	评分	核分	说明
1	剪力墙板吊装工艺流程(35 分)	剪力墙质量检查	依据图纸进行剪力墙质量检查(尺寸、外观、平整度、预埋件位置及数量等)	发布“剪力墙质量检查”指令，指挥主操人员正确使用工具(钢卷尺、靠尺、塞尺)，检查构件尺寸、外观、平整度、预埋件位置及数量等是否符合图纸要求。满足以上要求可得满分，否则不得分	2	35	
		连接钢筋处理	连接钢筋除锈	发布“连接钢筋除锈”指令，指挥主操人员正确使用工具(钢丝刷)，对生锈钢筋进行处理；若没有生锈钢筋，则说明钢筋无须除锈。满足以上要求可得满分，否则不得分	1		
			连接钢筋长度检查	发布“连接钢筋长度检查”指令，指挥主操人员正确使用工具(钢卷尺)，对每个钢筋进行测量，指出不符合要求的钢筋。满足以上要求可得满分，否则不得分	1		
			连接钢筋标高检查	发布“连接钢筋标高检查”指令，指挥主操人员正确使用工具(水准仪、水准尺)，对每个钢筋标高进行测量，指出不符合要求的钢筋。满足以上要求可得满分，否则不得分	1		
			连接钢筋垂直度检查	发布“连接钢筋垂直度检查”指令，指挥主操人员正确使用工具(靠尺)，对每个钢筋进行两个方向(90°夹角)测量，指出不符合要求的钢筋。满足以上要求可得满分，否则不得分	1		
			连接钢筋校正	发布“连接钢筋校正”指令，指挥主操人员正确使用工具(校正工具)，对长度、标高、垂直度等不符合要求的钢筋进行校正。满足以上要求可得满分，否则不得分	1		

续表

序号	考核项	考核内容(工艺流程＋质量控制＋组织能力＋施工安全)		评分标准	评分	核分	说明
1	剪力墙板吊装工艺流程(35分)	工作面处理	凿毛处理	发布“凿毛处理”指令,指挥主操人员正确使用工具(铁锤、錾子),对定位线内工作面进行粗糙面处理。满足以上要求可得满分,否则不得分	1	35	
			工作面清理	发布“工作面清理”指令,指挥主操人员正确使用工具(扫把),对工作面进行清理。满足以上要求可得满分,否则不得分	1		
			洒水湿润	发布“洒水湿润”指令,指挥主操人员正确使用工具(喷壶),对工作面进行洒水湿润处理。满足以上要求可得满分,否则不得分	1		
		弹控制线		发布“弹控制线”指令,指挥主操人员正确使用工具(钢卷尺、墨盒、铅笔),根据已有轴线或定位线引出200～500 mm控制线。满足以上要求可得满分,否则不得分	2		
		放置橡塑棉条		发布“放置橡塑棉条”指令,指挥主操人员正确使用材料(橡塑棉条),根据定位线或图纸放置橡塑棉条至保温板位置。满足以上要求可得满分,否则不得分	2		
		放置垫块		发布“放置垫块”指令,指挥主操人员正确使用材料(垫块),在墙两端距离边缘4 cm以上、远离钢筋位置处放置2 cm高垫块。满足以上要求可得满分,否则不得分	2		
		标高找平		发布“标高找平”指令,指挥主操人员正确使用工具(水准仪、水准尺),后视假设标高控制点,将水准尺放在垫块顶,若垫块标高符合要求则不需调整,若不在误差范围内,则需换不同规格垫块。满足以上要求可得满分,否则不得分(建议有测量过程即可得分)	2		

续表

序号	考核项	考核内容(工艺流程+质量控制+组织能力+施工安全)		评分标准	评分	核分	说明
1	剪力墙板吊装工艺流程(35分)	剪力墙吊装	吊具连接	发布“吊具连接”指令,指挥主操人员选择吊孔,满足吊链与水平夹角不宜小于60°的要求。满足以上要求可得满分,否则不得分	2	35	
			剪力墙试吊	发布“剪力墙试吊”指令,指挥主操人员正确操作吊装设备起吊构件至距离地面约300 mm,停止,观察吊具是否安全。满足以上要求可得满分,否则不得分	2		
			剪力墙吊运	发布“剪力墙吊运”指令,指挥主操人员正确操作吊装设备吊运剪力墙,保证缓起、匀升、慢落。满足以上要求可得满分,否则不得分	2		
			剪力墙安装对位	发布“剪力墙安装对位”指令,指挥主操人员正确操作吊装设备,正确使用工具(2面镜子),将镜子放在墙体两端钢筋相邻处,观察套筒与钢筋的位置关系,边调整剪力墙位置边下落。满足以上要求可得满分,否则不得分	2		
		剪力墙临时固定		发布“剪力墙临时固定”指令,指挥主操人员正确使用工具(斜支撑、扳手、螺栓),临时固定墙板。满足以上要求可得满分,否则不得分	2		
		剪力墙调整	剪力墙位置测量及调整	发布“剪力墙位置测量及调整”指令,指挥主操人员正确使用工具(钢卷尺、撬棍),进行剪力墙位置测量,如误差>1 cm,则用撬棍进行调整。满足以上要求可得满分,否则不得分	2		
			剪力墙垂直度测量及调整	发布“剪力墙垂直度测量及调整”指令,指挥主操人员正确使用工具(钢卷尺、线坠或有刻度靠尺),检查是否符合要求,如误差>1 cm,则调整斜支撑进行校正。满足以上要求可得满分,否则不得分	2		
		剪力墙终固定		发布“剪力墙终固定”指令,指挥主操人员正确使用工具(扳手)进行终固定。满足以上要求可得满分,否则不得分	2		
		摘除吊钩		发布“摘除吊钩”指令,指挥主操人员摘除吊钩。满足以上要求可得满分,否则不得分	1		

续表

<table>
<tr><th>序号</th><th>考核项</th><th>考核内容(工艺流程+质量控制+组织能力+施工安全)</th><th>评分标准</th><th>评分</th><th>核分</th><th>说明</th></tr>
<tr><td rowspan="3">2</td><td rowspan="3">质量控制(20分)</td><td>剪力墙安装连接牢固程度</td><td rowspan="3">2号考核人员操作完毕后由4号考核人员主导“剪力墙吊装质量检查”(也可最后统一检查),根据测量数据判断是否符合标准,在误差范围之内得满分,否则不得分</td><td>6</td><td rowspan="3">20</td><td rowspan="3"></td></tr>
<tr><td>剪力墙安装位置误差范围(0~8 mm)</td><td>7</td></tr>
<tr><td>剪力墙垂直度误差范围(0~5 mm)</td><td>7</td></tr>
<tr><td rowspan="3">3</td><td rowspan="3">组织协调(15分)</td><td>指令明确</td><td>指令明确、口齿清晰、无明显错误得满分,否则不得分</td><td>5</td><td rowspan="3">15</td><td rowspan="3"></td></tr>
<tr><td>分工合理</td><td>分工合理、无窝工或分工不均情况得满分,否则不得分</td><td>5</td></tr>
<tr><td>纠正错误操作</td><td>及时纠正主操人员错误操作并给出正确指导得满分,否则不得分</td><td>5</td></tr>
<tr><td rowspan="2">4</td><td rowspan="2">安全施工</td><td rowspan="2">施工过程中严格按照安全文明生产规定操作,无恶意损坏工具、原材料及无因操作失误伤害考试干系人等行为</td><td>出现危险操作,主导人及时制止,判定主导人合格,判定对应主操人不合格</td><td rowspan="2">合格、不合格</td><td rowspan="2">1号不合格、2号不合格、3号不合格、4号不合格</td><td rowspan="2">此处可多选</td></tr>
<tr><td>出现危险操作,主导人未制止,判定主导人和对应主操人不合格</td></tr>
</table>

二、主操考核项(30分)

<table>
<tr><th>序号</th><th>考核项</th><th>考核内容(团队协作+工艺实操)</th><th>评分标准</th><th>记录</th><th>核分</th><th>说明</th></tr>
<tr><td>1</td><td>施工前准备与外墙挂板吊装(10分)</td><td rowspan="3">按照主导人指令完成工艺操作</td><td rowspan="3">(1)服从指挥,配合其他人员得5分;
(2)正确使用工具和材料,按照主导人指令完成工艺操作得5分;
(3)满分为10分,全部符合得10分,一项符合得5分,都不符合不得分</td><td>10/5/0</td><td rowspan="3"></td><td rowspan="3">当主导人员指挥有误,如选取工具或材料错误,主操人员不能提醒,按照指令执行即可,此时扣主导人员的分数,不扣主操人员的分数</td></tr>
<tr><td>2</td><td>2号剪力墙板吊装(10分)</td><td>10/5/0</td></tr>
<tr><td>3</td><td>后浇段连接与工完料清(10分)</td><td>10/5/0</td></tr>
<tr><td colspan="2">总分</td><td>100 | 考核结果</td><td>合格、不合格</td><td>合计</td><td></td><td></td></tr>
<tr><td colspan="7">考官签字:</td></tr>
</table>

“构件安装——3号考核人员”实操评分记录表

考核人员：__________考核编号：__________考场：__________考核时间：__________

一、主导考核项(70分)

序号	考核项	考核内容(工艺流程＋质量控制＋组织能力＋施工安全)		评分标准	评分	核分	说明
1	后浇段连接(35分)	连接钢筋处理	连接钢筋除锈	发布“连接钢筋除锈”指令，指挥主操人员正确使用工具(钢丝刷)，对生锈钢筋进行处理，若没有生锈钢筋，则说明钢筋无须除锈。满足以上要求可得满分，否则不得分	1	35	
			钢筋长度检查	发布“钢筋长度检查”指令，指挥主操人员正确使用工具(钢卷尺)，对每个钢筋进行测量，指出不符合要求的钢筋。满足以上要求可得满分，否则不得分	2		
			钢筋垂直度检查	发布“钢筋垂直度检查”指令，指挥主操人员正确使用工具(靠尺)，对每个钢筋进行两个方向(90°夹角)测量，指出不符合要求的钢筋。满足以上要求可得满分，否则不得分	2		
			连接钢筋校正	发布“连接钢筋校正”指令，指挥主操人员正确使用工具(校正工具)，对钢筋长度、垂直度等不符合要求的钢筋进行校正。满足以上要求可得满分，否则不得分	1		
		分仓判断		发布“分仓判断”指令，根据图纸给出信息计算，当最远套筒距离≤1.5 m，则不需分仓，否则需要分仓。满足以上要求可得满分，否则不得分	2		
		工作面处理	凿毛处理	发布“凿毛处理”指令，指挥主操人员正确使用工具(铁锤、錾子)，对定位线内工作面进行粗糙面处理。满足以上要求可得满分，否则不得分	1		
			工作面清理	发布“工作面清理”指令，指挥主操人员正确使用工具(扫把)，对工作面进行清理。满足以上要求可得满分，否则不得分	1		
			洒水湿润	发布“洒水湿润”指令，指挥主操人员正确使用工具(喷壶)，对水平工作面和竖向工作面进行洒水湿润处理。满足以上要求可得满分，否则不得分	1		
			接缝保温防水处理	发布“接缝保温防水处理”指令，指挥主操人员正确使用材料(橡塑棉条)，根据图纸沿板缝填充橡塑棉条。满足以上要求可得满分，否则不得分	1		
		弹控制线		发布“弹控制线”指令，指挥主操人员正确使用工具(钢卷尺、墨盒、铅笔)，根据已有轴线或定位线引出200～500 mm控制线。满足以上要求可得满分，否则不得分	3		

续表

序号	考核项	考核内容(工艺流程+质量控制+组织能力+施工安全)		评分标准	评分	核分	说明
1	后浇段连接(35分)	钢筋连接	摆放水平钢筋	发布“摆放水平钢筋”指令,指挥主操人员根据图纸将水平钢筋摆放在指定位置,并用工具(扎钩、镀锌铁丝)临时固定。满足以上要求可得满分,否则不得分	2	35	
			竖向钢筋与底部连接钢筋连接	发布“竖向钢筋与底部连接钢筋连接”指令,确定连接方式是搭接还是直螺纹连接(假设为直螺纹连接),指挥主操人员依次安装竖向钢筋。满足以上要求可得满分,否则不得分	2		
			钢筋绑扎	发布“钢筋绑扎”指令,指挥主操人员正确使用工具(扎钩)和材料(扎丝),依次绑扎钢筋连接处。满足以上要求可得满分,否则不得分	2		
			固定保护层垫块	发布“固定保护层垫块”指令,指挥主操人员正确使用工具(扎钩)和材料(扎丝、垫块)固定保护层垫块,一般垫块间距500 mm左右。满足以上要求可得满分,否则不得分	2		
		模板安装	粘贴防侧漏、底漏胶条	发布“粘贴防侧漏、底漏胶条”指令,指挥主操人员正确使用材料(胶条),沿墙边竖直粘贴胶条,沿板顶模板位置粘贴胶条。满足以上要求可得满分,否则不得分	2		
			模板选型	发布“模板选型”指令,指挥主操人员正确使用工具(钢卷尺)并通过肉眼观察选择合适模板。满足以上要求可得满分,否则不得分	2		
			粉刷脱模剂	发布“粉刷脱模剂”指令,指挥主操人员正确使用工具(滚筒)和材料(脱模剂),均匀涂刷与混凝土的接触面。满足以上要求可得满分,否则不得分	2		
			模板初固定	发布“模板初固定”指令,指挥主操人员正确使用工具(扳手、螺栓、背楞),用扳手初固定。满足以上要求可得满分,否则不得分	2		
			模板位置检查与校正	发布“模板位置检查与校正”指令,指挥主操人员正确使用工具(钢卷尺、橡胶锤),检查模板安装位置是否符合要求,若超出误差>1 cm,则用橡胶锤进行位置调整。满足以上要求可得满分,否则不得分	2		
			模板终固定	发布“模板终固定”指令,指挥主操人员正确使用工具(扳手),对螺栓进行终拧。满足以上要求可得满分,否则不得分	2		

续表

<table>
<tr><th>序号</th><th>考核项</th><th colspan="2">考核内容(工艺流程＋质量控制＋组织能力＋施工安全)</th><th>评分标准</th><th>评分</th><th>核分</th><th>说明</th></tr>
<tr><td rowspan="5">2</td><td rowspan="5">质量控制(20 分)</td><td rowspan="3">钢筋连接质量</td><td>钢筋间距误差(0～10 mm)</td><td rowspan="5">3 号考核人员操作完毕后由 4 号考核人员主导“后浇段连接质量检查”(也可最后统一检查)，根据测量数据判断是否符合标准，在误差范围之内得满分，否则不得分</td><td>4</td><td rowspan="5">20</td><td rowspan="5"></td></tr>
<tr><td>钢筋绑扎牢固程度</td><td>4</td></tr>
<tr><td>垫块间距(500 mm)，误差范围(0～10 mm)</td><td>4</td></tr>
<tr><td rowspan="2">模板质量</td><td>模板安装牢固程度</td><td>4</td></tr>
<tr><td>模板位置误差范围(0～10 mm)</td><td>4</td></tr>
<tr><td rowspan="3">3</td><td rowspan="3">组织协调(15 分)</td><td colspan="2">指令明确</td><td>指令明确、口齿清晰、无明显错误得满分，否则不得分</td><td>5</td><td rowspan="3">15</td><td rowspan="3"></td></tr>
<tr><td colspan="2">分工合理</td><td>分工合理、无窝工或分工不均情况得满分，否则不得分</td><td>5</td></tr>
<tr><td colspan="2">纠正错误操作</td><td>及时纠正主操人员错误操作并给出正确指导得满分，否则不得分</td><td>5</td></tr>
<tr><td rowspan="2">4</td><td rowspan="2">安全施工</td><td colspan="2" rowspan="2">施工过程中严格按照安全文明生产规定操作，无恶意损坏工具、原材料及无因操作失误伤害考试干系人等行为</td><td>出现危险操作，主导人及时制止，判定主导人合格，判定对应主操人不合格</td><td rowspan="2">合格、不合格</td><td rowspan="2">1 号不合格、2 号不合格、3 号不合格、4 号不合格</td><td rowspan="2">此处可多选</td></tr>
<tr><td>出现危险操作，主导人未制止，判定主导人和对应主操人不合格</td></tr>
</table>

续表

二、主操考核项(30 分)						
序号	考核项	考核内容(团队协作 +工艺实操)	评分标准	记录	核分	说明
1	施工前准备与外墙挂板吊装(10 分)	按照主导人指令完成工艺操作	(1)服从指挥,配合其他人员得 5 分; (2)正确使用工具和材料,按照主导人指令完成工艺操作得 5 分; (3)满分为 10 分,全部符合得 10 分,一项符合得 5 分,都不符合不得分	10/5/0		当主导人员指挥有误,如选取工具或材料错误,主操人员不能提醒,按照指令执行即可,此时扣主导人员的分数,不扣主操人员的分数
2	1 号剪力墙板吊装(10 分)			10/5/0		
3	2 号剪力墙板吊装(10 分)			10/5/0		
总分	100	考核结果	合格、不合格	合计		
考官签字:						

“构件安装——4号考核人员”实操评分记录表

考核人员：__________ 考核编号：__________ 考场：__________ 考核时间：__________

一、主导考核项(70分)

序号	考核项	考核内容(工艺流程＋质量控制＋组织能力＋生产安全)		评分标准	评分	核分	说明
1	质量检验工艺流程(29分)	外墙挂板吊装质量检验	连接牢固程度检验	发布“连接牢固程度检验”指令，指挥主操人员手动检验外墙挂板连接是否牢固并做记录。满足以上要求可得满分，否则不得分	1	29	若检验不正确，则对1号考生质量控制“外墙挂板安装连接”考核项扣分
			安装位置检验	发布“安装位置检验”指令，指挥主操人员正确使用工具(钢卷尺)，检查安装位置是否符合要求并做记录。满足以上要求可得满分，否则不得分	2		若检验不正确，则对1号考生质量控制“外墙挂板安装位置”考核项扣分
			垂直度检验	发布“垂直度检验”指令，指挥主操人员正确使用工具(线坠、钢卷尺或带刻度靠尺)，检测垂直度是否符合要求并做记录。满足以上要求可得满分，否则不得分	2		若检验不正确，则对1号考生质量控制“外墙挂板垂直度”考核项扣分
			外墙挂板吊装质量检验表填写	根据以上实际测量数据，规范填写外墙挂板吊装质量检验表。满足以上要求可得满分，否则不得分	3		外墙挂板吊装质量检验表填写内容和1号考生质量控制一致，提前打印并发给考生
		剪力墙吊装质量检验	连接牢固程度检验	发布“连接牢固程度检验”指令，指挥主操人员手动检验剪力墙连接是否牢固并做记录。满足以上要求可得满分，否则不得分	1		若检验不正确，则对2号考生质量控制“剪力墙安装连接牢固程度”考核项扣分
			安装位置检验	发布“安装位置检验”指令，指挥主操人员正确使用工具(钢卷尺)，检验安装位置是否符合要求并做记录。满足以上要求可得满分，否则不得分	2		若检验不正确，则对2号考生质量控制“剪力墙安装位置”考核项扣分
			垂直度检验	发布“垂直度检验”指令，指挥主操人员正确使用工具(线坠、钢卷尺或带刻度靠尺)，检测垂直度是否符合要求并做记录。满足以上要求可得满分，否则不得分	2		若检验不正确，则对2号考生质量控制“剪力墙垂直度”考核项扣分
			剪力墙吊装质量检验表填写	根据以上实际测量数据，规范填写剪力墙吊装质量检验表。满足以上要求可得满分，否则不得分	3		剪力墙吊装质量检验表填写内容和2号考生质量控制一致，提前打印并发给考生

续表

序号	考核项	考核内容(工艺流程+质量控制+组织能力+生产安全)		评分标准	评分	核分	说明
1	质量检验工艺流程(29分)	后浇段连接质量检验	钢筋间距检验	发布“钢筋间距检验”指令，指挥主操人员正确使用工具(钢卷尺)检验钢筋间距，根据图纸检查是否符合要求并做记录。满足以上要求可得满分，否则不得分	2	29	若检验不正确，则对3号考生质量控制“钢筋间距”考核项扣分
			钢筋牢固程度检验	发布“钢筋牢固程度检验”指令，指挥主操人员手动检验钢筋是否牢固并做记录。满足以上要求可得满分，否则不得分	2		若检验不正确，则对3号考生质量控制“钢筋绑扎牢固程度”考核项扣分
			垫块间距检验	发布“垫块间距检验”指令，指挥主操人员正确使用工具(钢卷尺)检验间距是否符合要求并做记录。满足以上要求可得满分，否则不得分	2		若检验不正确，则对3号考生质量控制“垫块间距”考核项扣分
			模板安装牢固程度检验	发布“模板安装牢固程度检验”指令，指挥主操人员正确使用工具(橡胶锤)检验是否牢固并做记录。满足以上要求可得满分，否则不得分	2		若检验不正确，则对3号考生质量控制“模板安装牢固程度”考核项扣分
			模板位置检验	发布“模板位置检验”指令，指挥主操人员正确使用工具(钢卷尺)检验是否符合要求并做记录。满足以上要求可得满分，否则不得分	2		若检验不正确，则对3号考生质量控制“模板位置”考核项扣分
			后浇段连接质量检验表填写	根据以上实际测量数据，规范填写后浇段连接质量检验表。满足以上要求可得满分，否则不得分	3		后浇段连接质量检验表填写内容和3号考生质量控制一致，提前打印并发给考生
2	工完料清(6分)	拆解复位考核设备	拆除并复位模板	发布“拆除并复位模板”指令，指挥主操人员正确使用工具(扳手)，依据先装后拆的原则拆除模板，并将模板放在原位。满足以上要求可得满分，否则不得分	1	6	
			拆除并复位钢筋	发布“拆除并复位钢筋”指令，指挥主操人员正确使用工具(钢丝钳)，依据先装后拆的原则拆除钢筋，并将钢筋放在原位。满足以上要求可得满分，否则不得分	1		
			拆除构件并放置存放架	发布“拆除构件并放置存放架”指令，指挥主操人员正确使用吊装设备，依据先装后拆的原则拆除构件，并将构件放在原位。满足以上要求可得满分，否则不得分	1		

续表

<table>
<tr><th>序号</th><th>考核项</th><th colspan="2">考核内容(工艺流程＋质量控制＋组织能力＋生产安全)</th><th>评分标准</th><th>评分</th><th>核分</th><th>说明</th></tr>
<tr><td rowspan="3">2</td><td rowspan="3">工完料清(6分)</td><td colspan="2">工具入库</td><td>发布“工具入库”指令,指挥主操人员清点工具,对需要保养的工具(如工具污染、损坏)进行保养或将其交于工作人员处理。满足以上要求可得满分,否则不得分</td><td>1</td><td rowspan="3">6</td><td rowspan="3"></td></tr>
<tr><td colspan="2">材料回收</td><td>回收可再利用的材料,放在原位,分类明确,摆放整齐。满足以上要求得满分,否则不得分</td><td>1</td></tr>
<tr><td colspan="2">场地清理</td><td>发布“场地清理”指令,指挥主操人员正确使用工具(扫把)清理模台和地面,不得有垃圾(扎丝),清理完毕后归还清理工具。满足以上要求可得满分,否则不得分</td><td>1</td></tr>
<tr><td rowspan="9">3</td><td rowspan="9">质量控制(20分)</td><td colspan="2">外墙挂板吊装质量检验表填写质量</td><td rowspan="3">填写数据规范完整,不得漏填、错填。满足以上要求可得满分,否则不得分</td><td>3</td><td rowspan="9">20</td><td rowspan="9"></td></tr>
<tr><td colspan="2">剪力墙吊装质量检验表填写质量</td><td>3</td></tr>
<tr><td colspan="2">后浇段连接质量检验表填写质量</td><td>3</td></tr>
<tr><td rowspan="3">设备复位</td><td>构件复位</td><td rowspan="3">拆除设备需放在原位,分类明确,摆放整齐。满足以上要求可得满分,否则不得分</td><td>2</td></tr>
<tr><td>钢筋、模板复位</td><td>2</td></tr>
<tr><td>辅件复位</td><td>2</td></tr>
<tr><td colspan="2">工具入库</td><td>归还工具放在原位,分类明确,摆放整齐。满足以上要求可得满分,否则不得分</td><td>2</td></tr>
<tr><td colspan="2">材料回收</td><td>回收可再利用的材料,放在原位,分类明确,摆放整齐。满足以上要求可得满分,否则不得分</td><td>2</td></tr>
<tr><td colspan="2">场地清理</td><td>场地和模台清洁、干净,无垃圾(扎丝)。满足以上要求可得满分,否则不得分</td><td>1</td></tr>
<tr><td rowspan="3">4</td><td rowspan="3">组织协调(15分)</td><td colspan="2">指令明确</td><td>指令明确、口齿清晰、无明显错误得满分,否则不得分</td><td>5</td><td rowspan="3">15</td><td rowspan="3"></td></tr>
<tr><td colspan="2">分工合理</td><td>分工合理、无窝工或分工不均情况得满分,否则不得分</td><td>5</td></tr>
<tr><td colspan="2">纠正错误操作</td><td>及时纠正主操人员错误操作并给出正确指导得满分,否则不得分</td><td>5</td></tr>
</table>

续表

序号	考核项	考核内容(工艺流程+质量控制+组织能力+生产安全)	评分标准	评分	核分	说明
5	安全施工	施工过程中严格按照安全文明生产规定操作，无恶意损坏工具、原材料及无因操作失误伤害考试干系人等行为	出现危险操作，主导人及时制止，判定主导人合格，判定对应主操人不合格	合格、不合格	1号不合格、2号不合格、3号不合格、4号不合格	此处可多选
			出现危险操作，主导人未制止，判定主导人和对应主操人不合格			

二、主操考核项(30分)

序号	考核项	考核内容(团队协作+工艺实操)	评分标准	记录	核分	说明
1	施工前准备与外墙挂板吊装(10分)	按照主导人指令完成工艺操作	(1)服从指挥，配合其他人员得5分； (2)正确使用工具和材料，按照主导人指令完成工艺操作得5分； (3)满分为10分，全部符合得10分，一项符合得5分，都不符合不得分	10/5/0		当主导人员指挥有误，如选取工具或材料错误，主操人员不能提醒，按照指令执行即可，此时扣主导人员的分数，不扣主操人员的分数
2	1号剪力墙板吊装(10分)			10/5/0		
3	2号剪力墙板吊装(10分)			10/5/0		
总分	100	考核结果	合格、不合格	合计		
考官签字：						

科目二构件灌浆实操考核

(3)构件灌浆实操评分记录表。

“构件灌浆——1号考核人员”实操评分记录表

考核人员:__________考核编号:__________考场:__________考核时间:__________

一、主导考核项(70分)

序号	考核项	考核内容(工艺流程+质量控制+组织能力+施工安全)		评分标准	评分	核分	说明
1	施工前准备工艺流程(6分)	劳保用品准备	佩戴安全帽	内衬圆周大小调节到头部稍有约束感为宜;系好下颚带,下颚带应紧贴下颚,松紧以下颚有约束感但不难受为宜。均满足以上要求可得满分,否则得0分	1	6	
			穿戴劳保工装、防护手套	劳保工装做到“统一、整齐、整洁”,做到“三紧”(领口紧、袖口紧、下摆紧),严禁卷袖口、卷裤腿等现象;必须正确佩戴手套,方可进行实操考核。均满足以上要求可得满分,否则得0分	1		
		设备检查	检查施工设备(如吊装机具、吊具等)	发布“设备检查”指令,指挥主操人员操作开关(如有)或手动检查吊装机具是否正常运转、吊具是否正常使用。满足以上要求可得满分,否则不得分	1		
		领取工具	领取构件制作工具	发布“领取工具”指令,指挥主操人员领取工具,放在指定位置,摆放整齐。满足以上要求可得满分,否则不得分	1		如后期操作发现缺少工具,可回到此项扣分
		领取材料	领取构件灌浆材料	发布“领取材料”指令,指挥主操人员领取材料,放在指定位置,摆放整齐。满足以上要求可得满分,否则不得分	1		如后期操作发现缺少材料,可回到此项扣分
		卫生检查及清理	施工场地卫生检查及清扫	发布“卫生检查及清理”指令,指挥主操人员正确使用工具(扫把),规范清理场地。满足以上要求可得满分,否则不得分	1		

续表

序号	考核项	考核内容(工艺流程+质量控制+组织能力+施工安全)		评分标准	评分	核分	说明
2	构件吊装工艺流程(29分)	套筒检查	检查套筒通透性	发布“检查套筒通透性”指令,指挥主操人员正确使用工具(气泵或打气筒),检查每个套筒是否通透。满足以上要求可得满分,否则不得分	2	29	
		连接钢筋处理	连接钢筋除锈	发布“连接钢筋除锈”指令,指挥主操人员正确使用工具(钢丝刷),对生锈钢筋进行处理;若没有生锈钢筋,则说明钢筋无须除锈。满足以上要求可得满分,否则不得分	1		
			连接钢筋长度检查	发布“连接钢筋长度检查”指令,指挥主操人员正确使用工具(钢卷尺),对每个钢筋进行测量,指出不符合要求的钢筋。满足以上要求可得满分,否则不得分	2		
			连接钢筋垂直度检查	发布“连接钢筋垂直度检查”指令,指挥主操人员正确使用工具(靠尺),对每个钢筋进行两个方向(90°夹角)测量,指出不符合要求的钢筋。满足以上要求可得满分,否则不得分	2		
			连接钢筋校正	发布“连接钢筋校正”指令,指挥主操人员正确使用工具(校正工具),对长度、垂直度等不符合要求的钢筋进行校正。满足以上要求可得满分,否则不得分	2		
		分仓判断		发布“分仓判断”指令,根据图纸给出信息计算,也可使用工具(钢卷尺)直接测量,当最远套筒距离≤1.5 m,则不需分仓,否则需要分仓。满足以上要求可得满分,否则不得分	2		
		工作面处理	凿毛处理	发布“凿毛处理”指令,指挥主操人员正确使用工具(铁锤、錾子),对定位线内工作面进行粗糙面处理。满足以上要求可得满分,否则不得分	1		
			工作面清理	发布“工作面清理”指令,指挥主操人员正确使用工具(扫把),对工作面进行清理。满足以上要求可得满分,否则不得分	1		
			洒水湿润	发布“洒水湿润”指令,指挥主操人员正确使用工具(喷壶),对工作面进行洒水湿润处理。满足以上要求可得满分,否则不得分	1		
		弹控制线		发布“弹控制线”指令,指挥主操人员正确使用工具(钢卷尺、墨盒、铅笔),根据已有轴线或定位线引出200～500 mm控制线。满足以上要求可得满分,否则不得分	2		
		放置垫块		发布“放置垫块”指令,指挥主操人员正确使用材料(垫块),在墙两端距离边缘4 cm以上、远离钢筋位置处放置2 cm高垫块。满足以上要求可得满分,否则不得分	2		

续表

序号	考核项	考核内容（工艺流程＋质量控制＋组织能力＋施工安全）		评分标准	评分	核分	说明
2	构件吊装工艺流程（29分）	标高找平		发布“标高找平”指令，指挥主操人员正确使用工具（水准仪、水准尺），后视假设标高控制点，将水准尺放在垫块顶，若垫块标高符合要求则不需调整，若不在误差范围内，则需换不同规格垫块。满足以上要求可得满分，否则不得分（建议有测量过程即可得分）	2	29	
		剪力墙吊装	吊具连接	发布“吊具连接”指令，指挥主操人员选择吊孔，满足吊链与水平夹角不宜小于60°的要求。满足以上要求可得满分，否则不得分	2		
			剪力墙试吊	发布“剪力墙试吊”指令，指挥主操人员正确操作吊装设备起吊构件至距离地面约300 mm，停止，观察吊具是否安全。满足以上要求可得满分，否则不得分	2		
			剪力墙吊运	发布“剪力墙吊运”指令，指挥主操人员正确操作吊装设备吊运剪力墙，保证缓起、匀升、慢落。满足以上要求可得满分，否则不得分	2		
			剪力墙安装对位	发布“剪力墙安装对位”指令，指挥主操人员正确操作吊装设备，正确使用工具（2面镜子），将镜子放在墙体两端钢筋相邻处，观察套筒与钢筋的位置关系，边调整剪力墙位置边下落。满足以上要求可得满分，否则不得分	2		
			摘除吊钩	发布“摘除吊钩”指令，指挥主操人员正确使用工具（扳手）进行终固定并摘除吊钩。满足以上要求可得满分，否则不得分	1		
3	质量控制（20分）	工具选择	工具选择合理、数量准确	此部分由考评员评定	7	20	
		材料选择	材料选择合理、数量准确		7		
		卫生质量	场地干净清洁		6		

续表

序号	考核项	考核内容（工艺流程＋质量控制＋组织能力＋施工安全）	评分标准	评分	核分	说明
4	组织协调（15分）	指令明确	指令明确、口齿清晰、无明显错误得满分，否则不得分	5	15	
		分工合理	分工合理、无窝工或分工不均情况得满分，否则不得分	5		
		纠正错误操作	及时纠正主操人员错误操作并给出正确指导得满分，否则不得分	5		
5	安全施工	施工过程中严格按照安全文明生产规定操作，无恶意损坏工具、原材料及无因操作失误伤害考试干系人等行为	出现危险操作，主导人及时制止，判定主导人合格，判定对应主操人不合格	合格、不合格	1号不合格、2号不合格、3号不合格	此处可多选
			出现危险操作，主导人未制止，判定主导人和对应主操人不合格			

二、主操考核项（30分）

序号	考核项	考核内容（团队协作＋工艺实操）	评分标准	记录	核分	说明
1	封缝料制作与封缝（15分）	按照主导人指令完成工艺操作	（1）服从指挥，配合其他人员得7.5分； （2）正确使用工具和材料，按照主导人指令完成工艺操作得7.5分； （3）满分为15分，全部符合得15分，一项符合得7.5分，都不符合不得分	15/7.5/0		当主导人员指挥有误，如选取工具或材料错误，主操人员不能提醒，按照指令执行即可，此时扣主导人员的分数，不扣主操人员的分数
2	灌浆料制作与检验、灌浆、工完料清（15分）			15/7.5/0		
总分	100	考核结果	合格、不合格	合计		
考官签字：						

“构件灌浆——2 号考核人员”实操评分记录表

考核人员：__________ 考核编号：__________ 考场：__________ 考核时间：__________

一、主导考核项（70 分）

序号	考核项	考核内容（工艺流程＋质量控制＋组织能力＋施工安全）		评分标准	评分	核分	说明
1	封缝料制作与封缝（35 分）	封缝料制作	根据配合比计算封缝料干料和水用量	发布“根据配合比计算封缝料干料和水用量”指令，指挥主操人员正确使用工具（钢卷尺），测量构件的长和宽（或看图纸），给定计算条件，即封缝料密度假设为 2300 kg/m^3，水：封缝料干料＝12：100（质量比），考虑封缝料充足情况留出 10％富余量。根据 $m=\rho v(1+10\%)$ 公式计算水和封缝料干料的用量。满足以上要求可得满分，否则不得分	2	35	
			称量水	发布“称量水”指令，指挥主操人员正确使用工具（量筒或电子秤），根据水用量称量。满足以上要求可得满分，否则不得分	2		
			称量封缝料干料	发布“称量封缝料干料”指令，指挥主操人员正确使用工具（电子秤、小盆），根据封缝料干料用量称量，注意小盆去皮。满足以上要求可得满分，否则不得分	2		
			将全部水倒入搅拌容器	发布“将全部水倒入搅拌容器”指令，指挥主操人员正确使用工具（量筒、搅拌容器），将水全部倒入搅拌容器。满足以上要求可得满分，否则不得分	2		
			加入封缝料干料	发布“加入封缝料干料”指令，指挥主操人员正确使用工具（小盆），分两次加料，第一次先将 70％干料倒入搅拌容器，第二次加入 30％干料。满足以上要求可得满分，否则不得分	4		
			封缝料搅拌	发布“封缝料搅拌”指令，指挥主操人员正确使用工具（搅拌器），分两次搅拌，沿一个方向均匀搅拌封缝料，总共搅拌不少于 5 分钟。满足以上要求可得满分，否则不得分	4		
			放置内衬	发布“放置内衬”指令，指挥主操人员正确使用材料（内衬，如 PVC 管或橡胶条），先沿一边布置，使封缝宽度为 1.5～2 cm。满足以上要求可得满分，否则不得分	2		
		封缝操作	封缝	发布“封缝”指令，指挥主操人员正确使用工具（托板、小抹子）和材料（封缝料），沿布置好内衬的一边进行封缝。满足以上要求可得满分，否则不得分	2		

续表

序号	考核项	考核内容(工艺流程＋质量控制＋组织能力＋施工安全)		评分标准	评分	核分	说明
1	封缝料制作与封缝(35分)	封缝操作	抽出内衬	发布“抽出内衬”指令，指挥主操人员从一侧竖直抽出内衬，保证不扰动封缝，然后进行下一边封缝。满足以上要求可得满分，否则不得分	2	35	
			清理工作面	发布“清理工作面”指令，指挥主操人员正确使用工具(扫把、抹布)清理工作面余浆。满足以上要求可得满分，否则不得分	2		
			吊起构件	发布“吊起构件”指令，指挥主操人员正确操作吊装设备吊起构件并安全放在指定位置。满足以上要求可得满分，否则不得分	1		
		检查封缝质量	检查封缝宽度	发布“检查封缝宽度”指令，指挥主操人员正确使用工具(钢卷尺)，按照考核员指定位置测量封缝宽度。满足以上要求可得满分，否则不得分	2		
			检查封缝饱满度	发布“检查封缝饱满度”指令，考评员肉眼观察封缝饱满度。满足以上要求可得满分，否则不得分	2		
			清理封缝料	发布“清理封缝料”指令，指挥主操人员正确使用工具(铲子、水枪、气泵、扫把)，先将封缝料铲除，然后用高压水枪从一侧清洗，最后用气泵或扫把清扫积水。满足以上要求可得满分，否则不得分	2		
			称量剩余封缝料	发布“称量剩余封缝料”指令，指挥主操人员正确使用工具(小盆、电子秤)，称量封缝料(注意去皮)。满足以上要求可得满分，否则不得分	2		
		密封	放置密封装置	发布“放置密封装置”指令，指挥主操人员放置密封装置，采取漏浆措施。满足以上要求可得满分，否则不得分	1		
			安装构件	发布“安装构件”指令，指挥主操人员正确使用吊装设备，再次安装构件。满足以上要求可得满分，否则不得分	1		

续表

<table>
<tr><th>序号</th><th>考核项</th><th colspan="2">考核内容(工艺流程+质量控制+组织能力+施工安全)</th><th>评分标准</th><th>评分</th><th>核分</th><th>说明</th></tr>
<tr><td rowspan="6">2</td><td rowspan="6">质量控制（20 分）</td><td>封缝料搅拌质量</td><td>无干料、无明水</td><td rowspan="6">在操作过程中根据质量要求由考评员打分</td><td>3</td><td rowspan="6">20</td><td rowspan="6"></td></tr>
<tr><td rowspan="4">封缝质量</td><td>工作面清洁程度</td><td>3</td></tr>
<tr><td>封缝宽度≤2 cm</td><td>4</td></tr>
<tr><td>封缝饱满度</td><td>4</td></tr>
<tr><td>封缝料剩余量≤0.5 kg</td><td>3</td></tr>
<tr><td>清理封缝料质量</td><td>无残余料、无积水</td><td>3</td></tr>
<tr><td rowspan="3">3</td><td rowspan="3">组织协调（15 分）</td><td colspan="2">指令明确</td><td>指令明确、口齿清晰、无明显错误得满分，否则不得分</td><td>5</td><td rowspan="3">15</td><td rowspan="3"></td></tr>
<tr><td colspan="2">分工合理</td><td>分工合理、无窝工或分工不均情况得满分，否则不得分</td><td>5</td></tr>
<tr><td colspan="2">纠正错误操作</td><td>及时纠正主操人员错误操作并给出正确指导得满分，否则不得分</td><td>5</td></tr>
<tr><td rowspan="2">4</td><td rowspan="2">安全施工</td><td colspan="2" rowspan="2">施工过程中严格按照安全文明生产规定操作，无恶意损坏工具、原材料及无因操作失误伤害考试干系人等行为</td><td>出现危险操作，主导人及时制止，判定主导人合格，判定对应主操人不合格</td><td rowspan="2">合格、不合格</td><td rowspan="2">1 号不合格、2 号不合格、3 号不合格</td><td rowspan="2">此处可多选</td></tr>
<tr><td>出现危险操作，主导人未制止，判定主导人和对应主操人不合格</td></tr>
</table>

续表

<table>
<tr><td colspan="8">二、主操考核项(30分)</td></tr>
<tr><td>序号</td><td>考核项</td><td colspan="2">考核内容(团队协作+工艺实操)</td><td>评分标准</td><td>记录</td><td>核分</td><td>说明</td></tr>
<tr><td>1</td><td>施工前准备及构件吊装(15分)</td><td colspan="2" rowspan="2">按照主导人指令完成工艺操作</td><td rowspan="2">(1)服从指挥,配合其他人员得7.5分;
(2)正确使用工具和材料,按照主导人指令完成工艺操作得7.5分;
(3)满分为15分,全部符合得15分,一项符合得7.5分,都不符合不得分</td><td>15/7.5/0</td><td></td><td rowspan="2">当主导人员指挥有误,如选取工具或材料错误,主操人员不能提醒,按照指令执行即可,此时扣主导人员的分数,不扣主操人员的分数</td></tr>
<tr><td>2</td><td>灌浆料制作与检验、灌浆、工完料清(15分)</td><td>15/7.5/0</td><td></td></tr>
<tr><td colspan="2">总分</td><td>100</td><td>考核结果</td><td>合格、不合格</td><td>合计</td><td></td><td></td></tr>
<tr><td colspan="8">考官签字:</td></tr>
</table>

"构件灌浆——3号考核人员"实操评分记录表

考核人员：__________考核编号：__________考场：__________考核时间：__________

一、主导考核项(70分)

序号	考核项	考核内容(工艺流程+质量控制+组织能力+施工安全)		评分标准	评分	核分	说明
1	灌浆工艺流程(28分)	灌浆料制作	温度检测	发布"温度检测"指令，指挥主操人员正确使用工具(温度计)测量室温并做记录。满足以上要求可得满分，否则不得分	1	28	
			根据配合比计算灌浆料干料和水用量	发布"根据配合比计算灌浆料干料和水用量"指令，根据图纸识读构件长度和宽度、套筒型号和数量，给定计算条件，即封缝料密度假设为2300 kg/m³，水∶灌浆料干料＝12∶100(质量比)，单个套筒灌浆料质量为0.4 kg，考虑灌浆泵内有残余浆料，考虑10%富余量。$m=(\rho v+0.4\times n)(1+10\%)$，其中$n$为套筒数量。根据灌浆料总量计算水和封缝料干料的用量。满足以上要求可得满分，否则不得分	1		
			称量水	发布"称量水"指令，指挥主操人员正确使用工具(量筒或电子秤)，根据水用量称量。满足以上要求可得满分，否则不得分	1		
			称量灌浆料干料	发布"称量灌浆料干料"指令，指挥主操人员正确使用工具(电子秤、小盆)，根据灌浆料干料用量称量，注意小盆去皮。满足以上要求可得满分，否则不得分	1		
			将全部水倒入搅拌容器	发布"将全部水倒入搅拌容器"指令，指挥主操人员正确使用工具(量筒、搅拌容器)，将水全部倒入搅拌容器。满足以上要求可得满分，否则不得分	1		
			加入灌浆料干料	发布"加入灌浆料干料"指令，指挥主操人员正确使用工具(小盆)，分两次加料，第一次先将70%干料倒入搅拌容器，第二次加入30%干料。满足以上要求可得满分，否则不得分	2		
			灌浆料搅拌	发布"灌浆料搅拌"指令，指挥主操人员正确使用工具(搅拌器)，推荐分两次搅拌，沿一个方向均匀搅拌封缝料，总共搅拌不少于5分钟。满足以上要求可得满分，否则不得分	2		
			静置约2分钟	发布"静置约2分钟"指令，使灌浆料内气体自然排出。满足以上要求可得满分，否则不得分	1		

续表

序号	考核项	考核内容(工艺流程+质量控制+组织能力+施工安全)		评分标准	评分	核分	说明
1	灌浆工艺流程(28分)	流动度检验	放置并湿润玻璃板	发布“放置并湿润玻璃板”指令，指挥主操人员正确使用工具(玻璃板、抹布)，用湿润抹布擦拭玻璃板并放在平稳位置。满足以上要求可得满分，否则不得分	1	28	
			放置截锥试模	发布“放置截锥试模”指令，指挥主操人员正确使用工具(截锥试模)，大口朝下，小口朝上，放在玻璃板正中央。满足以上要求可得满分，否则不得分	1		
			倒入灌浆料	发布“倒入灌浆料”指令，指挥主操人员正确使用工具(勺子)，舀出一部分灌浆料倒入截锥试模。满足以上要求可得满分，否则不得分	1		
			捣实灌浆料	发布“捣实灌浆料”指令，指挥主操人员正确使用工具(铁棒)，捣实截锥试模内的灌浆料。满足以上要求可得满分，否则不得分	1		
			抹面	发布“抹面”指令，指挥主操人员正确使用工具(小抹子)，将截锥试模顶多余的灌浆料抹平。满足以上要求可得满分，否则不得分	1		
			竖直提起截锥试模	发布“竖直提起截锥试模”指令，指挥主操人员竖直提起截锥试模。满足以上要求可得满分，否则不得分	1		
			测量灰饼直径	发布“测量灰饼直径”指令，指挥主操人员正确使用工具(钢卷尺)，等灌浆料停止流动后，测量最大灰饼直径并做记录。满足以上要求可得满分，否则不得分	1		
			填写灌浆料拌制记录表	发布“填写灌浆料拌制记录表”指令，主导人将以上记录数据整理到此记录表上。满足以上要求可得满分，否则不得分	1		
		灌浆	湿润灌浆泵	发布“湿润灌浆泵”指令，指挥主操人员正确使用工具(灌浆泵、塑料勺)和材料(水)，将水倒入灌浆泵进行湿润并将水全部排出。满足以上要求可得满分，否则不得分	1		
			倒入灌浆料	发布“倒入灌浆料”指令，指挥主操人员正确使用工具(灌浆泵、搅拌容器)，将灌浆料倒入灌浆泵。满足以上要求可得满分，否则不得分	0.5		
			排出前端灌浆料	发布“排出前端灌浆料”指令，指挥主操人员正确使用工具(灌浆泵)。灌浆泵内有少量积水，因此需排出前端灌浆料。满足以上要求可得满分，否则不得分	1		

续表

序号	考核项	考核内容(工艺流程＋质量控制＋组织能力＋施工安全)		评分标准	评分	核分	说明
1	灌浆工艺流程(28分)	灌浆	选择灌浆孔	发布“选择灌浆孔”指令，指挥主操人员正确使用工具(灌浆泵)，选择下方灌浆孔，一仓室只能选择一个灌浆孔，其余为排浆孔，中途不得换灌浆孔。满足以上要求可得满分，否则不得分	1	28	
			灌浆	发布“灌浆”指令，指挥主操人员正确使用工具(灌浆泵)，灌浆时应连续灌浆，中间不得停顿。满足以上要求可得满分，否则不得分	1		
			封堵排浆孔	发布“封堵排浆孔”指令，指挥主操人员正确使用工具(铁锤)和材料(橡胶塞)，待排浆孔流出浆料并成圆柱状时进行封堵。满足以上要求可得满分，否则不得分	1		
			保压	发布“保压”指令，指挥主操人员正确使用工具(灌浆泵)，待排浆孔全部封堵后保压或慢速保持约30 s，保证内部浆料充足。满足以上要求可得满分，否则不得分	1		
			封堵灌浆孔	发布“封堵灌浆孔”指令，指挥主操人员正确使用工具(铁锤)和材料(橡胶塞)，待灌浆泵移除后迅速封堵灌浆孔。满足以上要求可得满分，否则不得分	1		
			工作面清理	发布“工作面清理”指令，指挥主操人员正确使用工具(扫把、抹布)，清理工作面，保持干净。满足以上要求可得满分，否则不得分	1		
			称量剩余灌浆料	发布“称量剩余灌浆料”指令，指挥主操人员正确使用工具(灌浆泵、电子秤、小盆)，将浆料排入小盆，称量重量(注意去皮)。满足以上要求可得满分，否则不得分	0.5		
			填写灌浆施工记录表	发布“填写灌浆施工记录表”指令，主导人将以上灌浆记录数据整理到此记录表上。满足以上要求可得满分，否则不得分	1		

续表

序号	考核项	考核内容（工艺流程＋质量控制＋组织能力＋施工安全）		评分标准	评分	核分	说明
2	工完料清（7分）	设备拆除、清洗、复位	设备拆除	发布“设备拆除”指令，指挥主操人员操作吊装设备将灌浆上部构件吊至清洗区。满足以上要求可得满分，否则不得分	1	7	
			清洗套筒、墙底、底座	发布“清洗套筒、墙底、底座”指令，指挥主操人员正确使用工具（高压水枪），将每个套筒彻底清洗至无残余浆料。满足以上要求可得满分，否则不得分	1		
			设备复位	发布“设备复位”指令，指挥主操人员正确使用吊装设备将上部构件调至原位置。满足以上要求可得满分，否则不得分	1		
		工具清洗、维护	灌浆泵清洗、维护	发布“灌浆泵清洗、维护”指令，指挥主操人员着重清洗灌浆泵，先将水倒入灌浆泵，然后排出，清洗3遍，再将海绵球放入灌浆泵并排出，清洗3遍。满足以上要求可得满分，否则不得分	1		
			其他工具清洗、维护	发布“其他工具清洗、维护”指令，指挥主操人员清洗有浆料浮浆工具（搅拌器、小盆、铲子、抹子等）。满足以上要求可得满分，否则不得分	1		
			工具入库	发布“工具入库”指令，指挥主操人员将工具放在原位置。满足以上要求可得满分，否则不得分	1		
		场地清理		发布“场地清理”指令，指挥主操人员正确使用工具（高压水枪、扫把），将场地清理干净并将工具归还。满足以上要求可得满分，否则不得分	1		
3	质量控制（20分）	灌浆料制作与检验	灌浆料拌制记录表	在操作过程中根据质量要求由考评员打分	2	20	
			初始流动度≥300 mm		4		

续表

<table>
<tr><th>序号</th><th>考核项</th><th colspan="2">考核内容(工艺流程+质量控制+组织能力+施工安全)</th><th>评分标准</th><th>评分</th><th>核分</th><th>说明</th></tr>
<tr><td rowspan="7">3</td><td rowspan="7">质量控制(20分)</td><td rowspan="4">灌浆质量</td><td>是否饱满</td><td rowspan="7">在操作过程中根据质量要求由考评员打分</td><td>2</td><td rowspan="7">20</td><td rowspan="7"></td></tr>
<tr><td>是否漏浆</td><td>2</td></tr>
<tr><td>灌浆施工记录表</td><td>2</td></tr>
<tr><td>灌浆料剩余量≤1 kg</td><td>2</td></tr>
<tr><td rowspan="3">工完料清</td><td>设备清洗是否干净</td><td>2</td></tr>
<tr><td>工具清洗是否干净</td><td>2</td></tr>
<tr><td>场地清洗是否干净</td><td>2</td></tr>
<tr><td rowspan="3">4</td><td rowspan="3">组织协调(15分)</td><td colspan="2">指令明确</td><td>指令明确、口齿清晰、无明显错误得满分,否则不得分</td><td>5</td><td rowspan="3">15</td><td rowspan="3"></td></tr>
<tr><td colspan="2">分工合理</td><td>分工合理、无窝工或分工不均情况得满分,否则不得分</td><td>5</td></tr>
<tr><td colspan="2">纠正错误操作</td><td>及时纠正主操人员错误操作并给出正确指导得满分,否则不得分</td><td>5</td></tr>
<tr><td rowspan="2">5</td><td rowspan="2">安全施工</td><td colspan="2" rowspan="2">施工过程中严格按照安全文明生产规定操作,无恶意损坏工具、原材料及无因操作失误伤害考试干系人等行为</td><td>出现危险操作,主导人及时制止,判定主导人合格,判定对应主操人不合格</td><td rowspan="2">合格、不合格</td><td rowspan="2">1号不合格、2号不合格、3号不合格</td><td rowspan="2">此处可多选</td></tr>
<tr><td>出现危险操作,主导人未制止,判定主导人和对应主操人不合格</td></tr>
</table>

续表

二、主操考核项(30分)						
序号	考核项	考核内容(团队协作＋工艺实操)	评分标准	记录	核分	说明
1	施工前准备及构件吊装(15分)	按照主导人指令完成工艺操作	(1)服从指挥,配合其他人员得7.5分; (2)正确使用工具和材料,按照主导人指令完成工艺操作得7.5分; (3)满分为15分,全部符合得15分,一项符合得7.5分,都不符合不得分	15/7.5/0		当主导人员指挥有误,如选取工具或材料错误,主操人员不能提醒,按照指令执行即可,此时扣主导人员的分数,不扣主操人员的分数
2	封缝料制作与封缝(15分)			15/7.5/0		
总分	100	考核结果	合格、不合格	合计		
考官签字:						

（4）密封防水实操评分记录表。

“密封防水——1号考核人员”实操评分记录表

考核人员：＿＿＿＿＿＿考核编号：＿＿＿＿＿＿考场：＿＿＿＿＿＿考核时间：＿＿＿＿＿＿

科目二封缝打胶实操考核

序号	考核项	考核内容（工艺流程＋质量控制＋组织能力＋施工安全）		评分标准	评分	核分	说明
1	施工前准备工艺流程（15分）	劳保用品准备	佩戴安全帽	内衬圆周大小调节到头部稍有约束感为宜；系好下颚带，下颚带应紧贴下颚，松紧以下颚有约束感但不难受为宜。均满足以上要求可得满分，否则得0分	2	15	
			穿戴劳保工装、防护手套	劳保工装做到“统一、整齐、整洁”，做到“三紧”（领口紧、袖口紧、下摆紧），严禁卷袖口、卷裤腿等现象；必须正确佩戴手套，方可进行实操考核。均满足以上要求可得满分，否则得0分	2		
			穿戴安全带	固定好胸带、腰带、腿带，安全带贴身	3		
		设备检查	检查施工设备（吊篮、打胶装置）	发布“设备检查”指令，考核人员操作开关检查吊篮和打胶装置是否正常运转。满足以上要求可得满分，否则不得分	2		
		领取工具	领取打胶工具	发布“领取工具”指令，考核人员领取工具，放在指定位置，摆放整齐。满足以上要求可得满分，否则不得分	2		如后期操作发现缺少工具，可回到此项扣分
		领取材料	领取打胶材料	发布“领取材料”指令，考核人员领取材料，放在指定位置，摆放整齐。满足以上要求可得满分，否则不得分	2		如后期操作发现缺少材料，可回到此项扣分
		卫生检查及清理	施工场地卫生检查及清扫	发布“卫生检查及清理”指令，考核人员正确使用工具（扫把），规范清理场地。满足以上要求可得满分，否则不得分	2		

续表

序号	考核项	考核内容（工艺流程＋质量控制＋组织能力＋施工安全）		评分标准	评分	核分	说明
2	封缝打胶工艺流程（50分）	基层处理	采用角磨机清理浮浆	发布“采用角磨机清理浮浆”指令，考核人员正确使用工具（角磨机），沿板缝清理浮浆。满足以上要求可得满分，否则不得分	3	50	
			采用钢丝刷清理墙体杂质	发布“采用钢丝刷清理墙体杂质”指令，考核人员正确使用工具（钢丝刷），沿板缝清理浮浆。满足以上要求可得满分，否则不得分	3		
			采用毛刷清理残留灰尘	发布“采用毛刷清理残留灰尘”指令，考核人员正确使用工具（毛刷），沿板缝清理浮浆。满足以上要求可得满分，否则不得分	3		
		填充PE棒（泡沫棒）		发布“填充PE棒（泡沫棒）”指令，考核人员正确使用工具（铲子）和材料（PE棒），沿板缝顺直填充PE棒。满足以上要求可得满分，否则不得分	6		
		粘贴美纹纸		发布“粘贴美纹纸”指令，考核人员正确使用材料（美纹纸），沿板缝顺直粘贴。满足以上要求可得满分，否则不得分	6		
		涂刷底涂液		发布“涂刷底涂液”指令，考核人员正确使用工具（毛刷）和材料（底涂液），沿板缝内侧均匀涂刷。满足以上要求可得满分，否则不得分	5		
		打胶	竖缝打胶	发布“竖缝打胶”指令，考核人员正确使用工具（胶枪）和材料（密封胶），沿竖向板缝打胶。满足以上要求可得满分，否则不得分	8		
			水平缝打胶	发布“水平缝打胶”指令，考核人员正确使用工具（胶枪）和材料（密封胶），沿水平缝打胶。满足以上要求可得满分，否则不得分	8		
		刮平压实密封胶		发布“刮平压实密封胶”指令，考核人员正确使用工具（刮板），沿板缝匀速刮平，禁止反复操作。满足以上要求可得满分，否则不得分	5		
		打胶质量检验		发布“打胶质量检验”指令，考核人员打开打胶设备，正确使用工具（钢卷尺）对打胶厚度进行测量。满足以上要求可得满分，否则不得分	3		

续表

序号	考核项	考核内容(工艺流程+质量控制+组织能力+施工安全)		评分标准	评分	核分	说明
3	工完料清(10分)	拆除美纹纸		发布“拆除美纹纸”指令,考核人员依次拆除美纹纸。满足以上要求可得满分,否则不得分	2	10	
		清理打胶装置		发布“清理打胶装置”指令,考核人员正确使用工具(抹布、铲子),将密封胶依次清理至垃圾桶内。满足以上要求可得满分,否则不得分	2		
		打胶装置复位		发布“打胶装置复位”指令,考核人员点击开关,复位打胶装置。满足以上要求可得满分,否则不得分	1		
		工具入库	工具清理	发布“工具清理”指令,考核人员正确使用工具(抹布)清理工具。满足以上要求可得满分,否则不得分	2		
			工具入库	发布“工具入库”指令,考核人员依次将工具放在原位。满足以上要求可得满分,否则不得分	1		
		施工场地清理		发布“施工场地清理”指令,考核人员正确使用工具(扫把),对施工场地进行清理。满足以上要求可得满分,否则不得分	2		
4	质量控制(25分)	PE棒填充质量	是否顺直	打胶结束后考核人员配合考评员对打胶质量进行检查	5	25	
		打胶质量	胶面是否平整		5		
			厚度约为1 cm		5		
		工完料清	打胶装置是否清理干净		4		
			工具是否清理干净		4		
			施工场地是否清理干净		2		
5	安全施工	施工过程中严格按照安全文明生产规定操作,无恶意损坏工具、原材料及无因操作失误伤害考试干系人等行为			合格、不合格		
总分		100	考核结果	合格、不合格	合计		
考官签字:							

第四篇

附件篇

PPT 库

序号	单元名称
1	装配式混凝土建筑概论
2	装配式混凝土建筑识图与构造
3	装配式混凝土建筑生产工艺与施工技术
4	“1+X”装配式建筑构件制作与安装职业技能等级证书考核

微课库

序号	单元名称
1	装配式混凝土建筑概论
2	装配式混凝土建筑识图与构造
3	装配式混凝土建筑生产工艺与施工技术
4	“1+X”装配式建筑构件制作与安装职业技能等级证书考核

图纸库

序号	项目名称	结构体系	预制构件类型	图纸来源
1	花山印象叠墅A13#楼	装配整体式混凝土剪力墙结构	预制墙、预制飘窗	湖北绿缘新型材料科技有限公司
2	黄冈城投玲珑家园8#楼	装配整体式混凝土剪力墙结构	叠合楼板、预制楼梯、预制空调板、预制飘窗板	湖北绿缘新型材料科技有限公司
3	装配式算量实战系列图纸一	装配整体式混凝土剪力墙结构	预制混凝土剪力墙外墙板（夹心保温外墙板）、预制混凝土剪力墙内墙板、桁架钢筋混凝土叠合板	广联达科技股份有限公司
4	装配式算量实战系列图纸二	装配整体式混凝土框架结构	预制柱、叠合梁、叠合板	广联达科技股份有限公司

标准库

序号	标准编号	标准名称	标准分类
		一、国家标准	
1	GB/T 51231—2016	《装配式混凝土建筑技术标准》	国家标准
2	GB/T 51129—2017	《装配式建筑评价标准》	国家标准
3	GB/T 36140—2018	《装配式玻纤增强无机材料复合保温墙体技术要求》	国家标准
4	GB/T 40399—2021	《装配式混凝土建筑用预制部品通用技术条件》	国家标准
5	GB/T 40715—2021	《装配式混凝土幕墙板技术条件》	国家标准
		二、行业标准	
6	RB/T 058—2020	《装配式建筑部品与部件认证通用规范》	行业标准
7	JGJ 224—2010	《预制预应力混凝土装配整体式框架结构技术规程》	行业标准
8	JGJ/T 258—2011	《预制带肋底板混凝土叠合楼板技术规程》	行业标准
9	JGJ 1—2014	《装配式混凝土结构技术规程》	行业标准
10	JGJ 355—2015	《钢筋套筒灌浆连接应用技术规程》	行业标准
11	JGJ/T 398—2017	《装配式住宅建筑设计标准》	行业标准
12	JGJ/T 400—2017	《装配式劲性柱混合梁框架结构技术规程》	行业标准
13	JGJ/T 430—2018	《装配式环筋扣合锚接混凝土剪力墙结构技术标准》	行业标准
14	JGJ/T 467—2018	《装配式整体卫生间应用技术标准》	行业标准
15	JGJ/T 477—2018	《装配式整体厨房应用技术标准》	行业标准
16	JG/T 533—2018	《厨卫装配式墙板技术要求》	行业标准
17	JGJ/T 485—2019	《装配式住宅建筑检测技术标准》	行业标准
18	JG/T 398—2019	《钢筋连接用灌浆套筒》	行业标准
19	JG/T 408—2019	《钢筋连接用套筒灌浆料》	行业标准
20	JG/T 578—2021	《装配式建筑用墙板技术要求》	行业标准
21	JG/T 579—2021	《建筑装配式集成墙面》	行业标准
22	JGJ/T 491—2021	《装配式内装修技术标准》	行业标准
23	JGJ/T 494—2022	《装配式住宅设计选型标准》	行业标准
24	JC/T 2504—2019	《装配式建筑预制混凝土夹心保温墙板》	行业标准
		三、团体标准	
25	CECS 52：2010	《整体预应力装配式板柱结构技术规程》	团体标准
26	CECS 396：2015	《装配式玻纤增强无机材料复合保温墙板应用技术规程》	团体标准
27	CECS 444：2016	《钢筋机械连接装配式混凝土结构技术规程》	团体标准
28	T/CCIAT 0001—2017	《装配式混凝土建筑施工规程》	团体标准
29	T/CECS 580—2019	《村镇装配式承重复合墙结构居住建筑设计标准》	团体标准
30	T/CCIAT 0008—2019	《装配式混凝土建筑工程施工质量验收规程》	团体标准

续表

序号	标准编号	标准名称	标准分类
31	T/CECS 604—2019	《装配式多层混凝土结构技术规程》	团体标准
32	T/CECS 655—2019	《装配式建筑密封胶应用技术规程》	团体标准
33	T/LESC 003—2019	《装配式建筑工程技术资料管理规程》	团体标准
34	T/CECS 683—2020	《装配式混凝土结构套筒灌浆质量检测技术规程》	团体标准
35	T/CECS 696—2020	《混凝土空心砌块装配式砌体墙应用技术规程》	团体标准
36	T/CECS 708—2020	《角部连接装配式轻体板房屋技术标准》	团体标准
37	T/CECS 742—2020	《装配式混凝土结构超低能耗居住建筑技术规程》	团体标准
38	T/CECS 745—2020	《装配式幕墙工程技术规程》	团体标准
39	T/CECS 784—2020	《装配式建筑用门窗技术规程》	团体标准
40	T/CSPSTC 46—2020	《装配式混凝土建筑结构技术管理指南》	团体标准
41	T/CSPSTC 49—2020	《装配式混凝土结构建筑信息模型分类与编码》	团体标准
42	T/CSPSTC 50—2020	《装配式混凝土建筑预制构件设计深度规程》	团体标准
43	T/CSPSTC 64—2021	《装配式建筑施工测量技术规范》	团体标准
44	T/CECS 809—2021	《螺栓连接多层全装配式混凝土墙板结构技术规程》	团体标准
45	T/CECS 816—2021	《装配式混凝土砌块砌体建筑技术规程》	团体标准
46	T/CECS 841—2021	《装配式混凝土建筑工程总承包管理标准》	团体标准
47	T/CECS 852—2021	《装配式混凝土钢丝网架板式建筑技术规程》	团体标准
48	T/CECS 878—2021	《装配式保温装饰一体化混凝土外墙应用技术规程》	团体标准
49	T/CECS 893—2021	《装配式混凝土结构设计 P-BIM 软件功能与信息交换标准》	团体标准
50	T/CECS 915—2021	《装配式空心板叠合剪力墙结构技术规程》	团体标准
51	T/CECS 937—2021	《装配式基坑支护技术标准》	团体标准
52	T/CBMCA 021—2021	《螺栓连接装配式混凝土墙板结构房屋技术标准》	团体标准
53	T/CCES 23—2021	《装配式多层混凝土墙板建筑技术规程》	团体标准
54	T/CECS 43—2021	《装配式混凝土框架节点与连接设计标准》	团体标准
55	T/CECS 1017—2022	《装配式建筑企业质量管理标准》	团体标准
56	T/CECS 1018—2022	《装配式室内墙面系统应用技术规程》	团体标准
57	T/CECS 10185—2022	《装配式建筑用密封胶》	团体标准
58	T/CECS 1023—2022	《烧结淤泥多孔砖预制装配式自保温墙体技术规程》	团体标准
59	T/CECS 1052—2022	《装配式建筑工程总承包管理标准》	团体标准

续表

序号	标准编号	标准名称	标准分类
60	T/CECS 1075—2022	《装配式建筑绿色建造评价标准》	团体标准
61	T/CECS 1133—2022	《装配式组合连接混凝土剪力墙结构技术规程》	团体标准
62	T/CECS 1139—2022	《装配式建筑预制混凝土构件产品信息模型数据标准》	团体标准
63	T/CECS 1170—2022	《装配式轻质混凝土围护墙板应用技术规程》	团体标准
64	T/CECS 1177—2022	《装配式钢丝网片增强轻质隔墙系统技术规程》	团体标准
四、地方标准（湖北省）			
65	DB42/T 1225－2016	《装配式混凝土结构工程施工与质量验收规程》	地方标准
66	DB42/T 1233－2016	《装配式建筑施工现场安全技术规程》	地方标准
67	DB42/T 1483－2018	《装配整体式混凝土叠合剪力墙结构技术规程》	地方标准
五、其他			
68	2016JSCS-7-1	《全国民用建筑工程设计技术措施建筑产业现代化专篇（装配式混凝土剪力墙结构施工）》	技术措施
69	2016SSZN-HNT	《装配式建筑系列标准应用实施指南（装配式混凝土结构建筑）》	实施指南
70	2019 年	《武汉市装配式建筑装配率计算细则（试行）》	其他
71	2019 年	《湖北省装配式建筑施工质量安全控制要点（试行）》	其他
六、查阅、下载标准平台			
72	工标网	http://www.csres.com/	
73	建标库	http://www.jianbiaoku.com/	
74	构力 AI·建筑知识平台	https://dt.pkpm.cn/home/	
75	全国标准信息公共服务平台	https://st D. samr. gov. cn/	

图集库

序号	图集编号	图集名称
1	16G116-1	《装配式混凝土结构预制构件选用目录(一)》
2	16G116-1	《装配式混凝土结构预制构件选用目录(一)(附册一)》
3	15G365-1	《预制混凝土剪力墙外墙板》
4	15G365-2	《预制混凝土剪力墙内墙板》
5	15G366-1	《桁架钢筋混凝土叠合板(60 mm 厚底板)》
6	15G367-1	《预制钢筋混凝土板式楼梯》
7	15G368-1	《预制钢筋混凝土阳台板、空调板及女儿墙》
8	16J110-2/16G333	预制混凝土外墙挂板(一)
9	15J939-1	《装配式混凝土结构住宅建筑设计示例(剪力墙结构)》
10	15G107-1	《装配式混凝土结构表示方法及示例(剪力墙结构)》
11	15G310-1～2	《装配式混凝土结构连接节点构造(楼盖和楼梯、剪力墙)》
12	20G310-3	《装配式混凝土结构连接节点构造(框架)》
13	16G906	《装配式混凝土剪力墙结构住宅施工工艺图解》
14	18J820	《〈装配式住宅建筑设计标准〉图示》

参考文献

[1] 中华人民共和国住房和城乡建设部. GB/T 51231—2016 装配式混凝土建筑技术标准[S]. 北京：中国建筑工业出版社，2017.

[2] 中华人民共和国住房和城乡建设部. GB/T 51129—2017 装配式建筑评价标准[S]. 北京：中国建筑工业出版社，2018.

[3] 中华人民共和国住房和城乡建设部. JGJ 1—2014 装配式混凝土结构技术规程[S]. 北京：中国建筑工业出版社，2014.

[4] 中华人民共和国住房和城乡建设部. JGJ 355—2015 钢筋套筒灌浆连接应用技术规程[S]. 北京：中国建筑工业出版社，2015.

[5] 赵瑞阳，郑鹏. 基于 BIM 技术的装配率计算对比分析研究[J]. 土木建筑工程信息技术，2021，13(04)：95-100.

[6] 秦中慧. 上海某幼儿园装配整体式钢筋混凝土框架结构设计[J]. 建筑结构，2021，51(S1)：1044-1048.

[7] 顾浩声. 上海市装配式混凝土高层住宅经济性分析[J]. 建筑结构，2022，52(S1)：1679-1684.

[8] 钟春玲，杨东澎，张梦情，等. 装配式混凝土建筑装配率指标的计算方法研究[J]. 建筑经济，2021，42(03)：19-24.